U0176554

經典普洱

石昆牧 著

中國茶業公司雲南省公司
中茶牌圓茶

CCTP
中央编译出版社
Central Compilation & Translation Press

图书在版编目(CIP)数据

经典普洱 ：钻石版 / 石昆牧著. -- 北京 ：中央编译出版社，2021.3

ISBN 978-7-5117-3886-8

Ⅰ. ①经… Ⅱ. ①石… Ⅲ. ①普洱茶－普文化－云南
Ⅳ. ①TS971.21

中国版本图书馆CIP数据核字(2020)第229321号

经典普洱

责任编辑：杜永明
责任印制：尹　珺
出版发行：中央编译出版社
地　　址：北京西城区车公庄大街乙5号鸿儒大厦B座（100044）
电　　话：（010）52612345（总编室）　（010）52612339（编辑室）
（010）66130345（发行部）　（010）52612332（网络销售部）
（010）66161011（团购部）　（010）66509618（读者服务部）
网　　址：www.cctpbook.com
经　　销：全国新华书店
印　　刷：鸿博昊天科技有限公司
开　　本：889毫米×1194毫米　16开
字　　数：206.8千字
印　　张：13.25　插图267幅
印　　数：5000册
版　　次：2021年3月第3版第1次印刷
定　　价：128.00元

自在

自在

非不能，是不为

肉能食而少

茶为喜，不必须

有怒则舒，无气自平

哀乐自常，喜自显于色

役物而不役于物

倘然天地自然

是真自在

如水

随方归圆

无不自在

2011版引言

笔者于2001年开始在网站上与茶友讨论普洱茶相关问题，并将自己的经验与相关文献加以整合发表了多篇文章。因所了解的许多历史与茶品、产地资料都还不是很明确，故不愿意太早整理专著，但许多观点已被大量抄袭而用以牟利，遂于2004年中整理了2001—2004年初对业界有重要影响的相关文章，于2005年出版《经典普洱》，是为坊间所俗称的“白色经典”。另在2006年出版《经典普洱：名词释义》，是为坊间所俗称的“红色经典”。

《经典普洱》2005年出版至今，已停版印刷多年，内文中有许多观念与历史、茶品数据需要重新整理，以致有修订再版印刷之必要；但为保持当时出版背景与精神，再版只修改明显不合时宜之处，并更新相关图片，未做太大变更，敬请新老读者指教。

2010年9月25日于高雄冈山

2020年修订说明

《经典普洱》一书，较为详细地描述了云南产地普洱茶的各种重要的实用知识，自2011年在我社出版至今，受到了广大普洱茶爱好者的一致好评。现在第三次修订出版，修订了前后章节表述重复及不一致的内容；订正了书中与我社当前体例规范不一致的地方。此外，针对书中与现代语法习惯有出入的表述作出相应的语言润色处理。当然，书中错漏仍在所难免，恳请广大读者予以斧正。

中央编译出版社

2020年6月

目录 CONTENTS

目录
CONTENTS

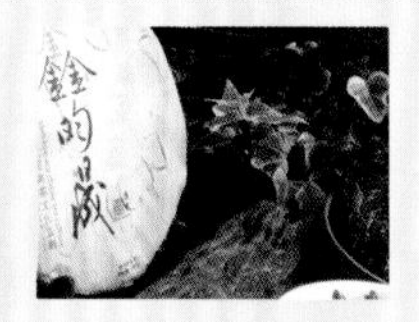

01

云南普洱茶

历史探源—普洱茶的类别—茶区的自然条件与分布—茶园茶与茶园管理

经典普洱

云南普洱茶

中华民族以农立国，民风坚毅朴实，崇尚自然。民生所需“柴米油盐酱醋茶”开门七件事，首重天然制作且可以长存久放；普洱茶属后发酵茶，越陈越香，种植管理与产区环境均无农药化肥与人工污染，完全符合现代饮食所追求之天然食品概念。只是坊间对于普洱茶的观念似是而非，发霉当陈化、年份以倍数灌水、哄抬价格，而消费者却只能盲从。笔者十分爱好普洱，身为教育工作者，眼见的却是普洱市场的一片乱象，无力感之余，总希望能藉手上一些正确信息导正消费者的观念。

历史探源

普洱茶为中国十大名茶之一，以其集散地与原产地之一的普洱县（即今宁洱县）命名。

唐朝时普洱名为步日，属银生节度。此时所生产之“银生茶”是为普洱茶的前身，最原始制法是直接将鲜叶生晒而成。后来，发展出杀青、揉捻等制程，在茶菁日晒后成为晒青毛茶，此即紧压精制加工的原料。清朝为普洱茶的极盛时期，《普洱府志》记载，“普洱所属六大茶山……周八百里，入山作茶者十余万人”，可知当时盛况。宫廷贵族与风雅人士饮用普洱茶蔚为风潮，有“夏喝龙井，冬喝普洱”的风俗雅兴。当时，思茅与西双版纳一带为其主要原料产区，而普洱与思茅即成为加工和集散中心之一。明清时期以普洱（现今宁洱县）为中心向外辐射六条茶马古道，将普洱茶营销至全国各地以及越南、缅甸、泰国等地，甚至转运到欧洲。至今，茶叶已成为中华文化与其他各国文化交流的桥梁。

困鹿山古树茶林

普洱茶的类别

释　义

目前官方教科书仍将普洱茶归于黑茶类，甚至市场上将广东、广西、湖南、湖北、四川、安徽各省份的后发酵茶，都涵盖在广义的普洱茶内。笔者认为，只要是普洱茶真正的爱好者，都不会认同如此笼统模糊的说法与归类。

广西陈年六堡茶

每一种茶因其特有的历史地理环境，故都有其独特的香气口感。笔者个人认为，所谓云南普洱茶，应为云南大叶茶类经低温制程晒青毛茶、紧压成品与人工渥堆发酵成品，且未经高温杀青、干燥、烘焙。以这个基调来谈普洱茶，应该就能厘清市面上所误导的观念。然而，必须强调的是，并非说广云贡饼、六安茶、六堡茶、千两茶、黑砖等不是好茶，而是说这些并非传统定义之云南普洱茶。

工　序

云南地处云贵高原，古时交通不便，运输全赖人背马驮。茶叶以普洱为集散地，运销到我国西藏、香港及东南亚地区，运输过程历时一年半载。历史上普洱茶的后发酵作用，都来自于蒸压后自然氧化，以及运输过程中风吹日晒，温湿度不断提升或转变，对茶产生生物化学变化和酵素作用。20 世纪 50—70 年代初期研发出的洒水渥堆的熟茶工序，就是希望藉借快速人工熟化替代自然氧化，以期迎合消费者喜好。

严格说来，普洱茶的制作并无一定且明确的工序。许多厂志与官方资料都说明了普洱茶的工序为何，然笔者为何说“无明确工序”之言？以前云南国有厂方（昆明、勐海、下关等厂），是以大型厂房与机械化来克服天候的不稳定因素，然而少数民族制茶并无杀青滚筒、揉茶机、干燥烘房等可以使用，故大铁锅杀青、晒青、干燥等都依赖日光或以火熏干。另外，必须了解国有厂虽然有现代化机械设备，但并非所有茶品原料都由国有厂自制晒青毛茶。以现今市场的状况，市面上的普洱茶反而是从民间少数民族收购了毛茶来制作所占的比例较高。

普洱茶以发酵制作工序来区分，基本上有生茶与熟茶之别。制作过程中，没有经过长时间增湿渥堆发酵工序，所产生的称为“青毛茶”。反之，利用增湿渥堆或菌类人工发酵的称“熟毛茶”，也就是中国大陆茶学界所谓现代普洱茶。这里，简单叙述传统与现代普洱茶毛茶工序的差异：

传统普洱茶工序：杀青（生晒、锅炒）—揉捻（手工团揉）—晒干。

烧柴煮水——少数民族的木楼——角落存放一袋袋的晒青毛茶

图左上 芽尖；图右上 勐库古树茶箐；图中下 无揉捻之毛茶

图中上 特级熟茶毛茶；图右下 五级熟茶毛茶；图左下 七级熟茶毛茶

（按：杀青，指借助高温停止茶叶中活性酶的发酵活动，并散发一定水分、软化鲜叶的过程。普洱茶的杀青，使用的方式是用铁锅或滚筒炒。为了便于后期陈化，杀青温度较低，时间也较短。）

（按：揉捻，指将杀青过的茶菁原料通过手工或机器揉成紧结的条索，并藉此轻微破坏鲜叶表面角质层。）

现代普洱茶工序（人工熟化）：杀青（锅炒、滚筒）—揉捻（机器加工）—干燥（烘干）—增湿渥堆（洒水、灭菌）—干燥。

（按：渥堆，是形成普洱熟茶质量特色的关键工艺环节，通过毛茶原料潮水，盖上麻布片后，利用湿度、温度和有益菌种促使茶叶快速发酵。）

形　状

现代普洱茶以形状来区分类别，有散茶与紧压茶两大类。毛茶未紧压则称之为散茶，而紧压茶可细分为沱茶、饼茶、砖茶、方砖等。中国人喝茶喜爱毛尖、白毫，古代即以毛尖、芽茶、女儿茶等为普洱贡茶，如其他产区绿茶一般，嫩者为上品。然现代普洱茶消费者已然了解，不同级数的茶菁有其特殊的风味口感，也不再一味追求细嫩茶菁。

青毛茶于 1979 年统一分为五级十等，逢双设样，二等一级。即 2、4、6、8、10 等分五级。一般而言，一等嫩茶菁通常拼配二等做散茶、沱茶、方砖之类；二等茶菁拼配三等制作饼茶，四五等茶菁则为砖茶主要原料。（按：“五级十等”的叫法，后来不知何时被混为“五等十级”，原先概念（分类）中的“等”和“级”概念被互换，约定成俗而通用至今。）

沱　茶

据说因多销于四川沱江地区，故名。清光绪二十八年（1902），下关永昌祥、复春等茶商，将团茶转变成碗状沱茶。因创制于下关，故又名下关沱茶。目前仍为下关茶厂生产主要茶品，单个净重分别有 100 克与 250 克两种规格。

七子饼茶

七子饼茶形似圆月，云南传统出口到中国港澳与东南亚一带，为华侨所喜爱，作为彩礼或赠送亲友，所以又有侨销圆茶、侨销七子饼茶之称。圆有团圆意涵，七子为多子多孙多福气之意。一筒七饼，每饼净重 357 克，直径约七寸。主要由勐海茶厂生产。

2000 年勐海沱茶

紧茶（含砖茶）

与沱茶起源相同，由团茶演变而来，早期的紧茶包含牛心沱、女儿沱、蘑菇沱（香菇沱）与砖茶。原先销至西藏的团茶因长途跋涉时常产生发霉现象。佛海茶厂于 1912—1917 年间将团茶改为带把的心脏形，取名宝焰牌紧茶。宝焰牌紧茶全为手工团揉精制，每个净重 238 克，七个为一筒。1967 年改为长方形砖片，采用机器压制，每片重 250 克，

甲级蓝印

2004 年 茶品天下——女儿沱（香菇紧茶）

用中茶牌商标。

因班禅的重视，下关茶厂于 1986 年恢复生产心脏形紧茶至今。

茶区的自然条件与分布

严格界定，古普洱茶区域是指滇南一带具有近两千年生产茶叶历史的思茅与西双版纳地区。大部分在北回归线以南，属于热带亚热带高原型气候，日照充足，年平均气温 17℃—22℃，年平均降雨量 1200—2000 毫米之间，相对湿度在 80%

云南的山、水、树

云雾缭绕的云南茶园

以上。土壤以砖红壤与赤红壤为主，PH 值在 4.5—5.5 之间，疏松腐质土深厚，有机含量特高。

第四纪冰川时期，地球上多数植物被摧毁，只有云南南部未受冰川袭击，许多动植物得以保存至今。目前云南是全世界古茶树发现最多、区域最广、种类最多、树龄也最久的生态保护区。

云南产茶区多为热带亚热带高原型气候，大抵上每年 10 月、11 月至来年 5 月下旬为旱季，气候干冷；6 月至 10 月、11 月则为雨季。茶园区通常年采三四次，采收时节与江南地区大异其趣，清明、谷雨等节令在云南并没有多大意义。这是许多华南和台湾产茶区的消费者较不能适应与理解的。

明清时期，普洱茶广为人们所接受而兴盛，种植地区除西双版纳与思茅地区外，也开始不断向外引种扩大繁殖规模。距今三百多年前，由西双版纳引种至勐库，遂有现今勐库大叶种。而景谷大白茶是勐库茶的变种茶籽所育种而来。临沧地区的凤庆，于明朝开始从普洱引进俗称“小普洱茶”，清朝末年又从勐库引进勐库大叶茶。现今临沧地区为云南最大茶叶产区，也是大理下关厂茶菁原料主要供应地。

这一时期，普洱茶的兴盛促进了普洱产区的扩大，由古代原始的澜沧江流域扩展到滇西的保山怒江流域、滇东南的红河文山等地。现代所采摘的区域，尚远不及当时，可想而知其盛况了。

老班章古树林

茶园茶与茶园管理

中国大陆与台湾地区农药滥用的情形，在国际上被列为同一级。在加入世贸组织时，欧盟特别将农药残留量检验标准向下修正至原来的1/2。20世纪70年代至80年代初期，为提升产能，在精制茶厂附近产茶区有喷洒农药与施用化肥情形。但随着对食品安全意识的提升以及成本问题的重视，80年代中期开始农药残留问题得到解决，故而对日本与法国等检验标准严格的国家，销量也能每年稳定增长。

云南大片茶园

农药残留的问题对普洱茶而言并不容易发生。十几年来，笔者也曾主动检验普洱茶多次，都未曾发现有农药残留。2004年8月初，中国农业科学院茶叶研究所公布10个中国主要产茶省份茶叶抽检结果，云南省茶叶农药残留量最低。据了解，有农药残留的样本为高成本高利润的红茶与绿茶品类。

除官方说明的原因，如生态良好、茶树原生地受保护等，不施化肥农药外，笔者深入了解分析后发现，还有以下几个主要原因：

· 当地茶区多处山区，交通不便，农药化肥难以送达。

· 云南茶区面积十分广阔，产量远多于目前的需求量，不需藉洒药增加产能。

· 许多茶农与采茶人、茶贩为少数民族，经济能力不佳，当地普洱茶青毛

景迈古树茶林

良种告示牌

长叶白毫

云抗十号告示牌

云抗十号

茶收购价格相当低廉，茶园多采用粗耕野放，洒农药、化肥会增加经济成本。

·古树茶、野生型茶树高大，无法以正常方式洒药，且大茶树洒农药、化肥容易死亡。

1951 年成立的云南省茶叶科研所现保存云南大叶种茶树资源 607 份，为中国第一个茶叶数据库，同时，也收集全世界所发现的现有茶种。1985 年建立的云南省思茅茶树良种厂，作为云南大叶茶良种繁殖推广中心，精心培育的云抗 10 号、14 号为国家级优良品种，长叶白毫、云梅、云抗 43 号等为省级良种，近几年推广至西双版纳、临沧、保山、德宏等主要茶区。除了上述茶种之外，易武绿芽茶、元江糯茶、云选 9 号、矮丰等也被许多精制厂视为适合品种。不过，当时的一些良种茶，近年逐渐被淘汰（如云抗 10 号），而早年被淘汰的原始品种则因茶质厚重反而被市场青睐。

02

普洱茶的现在与未来

健康与传媒—普洱茶的定义—年份—入仓—
好普洱—未来趋势—普洱茶市场生态转变—期许

经典普洱

普洱茶的现在与未来

从小，因为严格的家教，笔者不断地学习各种知识与技艺，如书法、种植、棋艺、垂钓等等。而品茗，是在1973年笔者6岁时，大口喝下第一杯中国台湾鹿谷冻顶乌龙茶开始，从此与“茶”结下不解之缘。鹿谷冻顶、文山包种、木栅铁观音，直到1980年初台湾高山茶出现，台茶12号、13号、14号等改良品种诞生，新制程与茶园管理概念重新定义了台湾茶。早在1983年，因为家父友人时常往来港台之间，藉此笔者有机会接触中国大陆各类茶品，如武夷岩茶、安溪铁观音、碧螺春、龙井、普洱等等，口感有了新的刺激，身体也呈现完全不同的感受。1986年，笔者还在台北就学期间，深深感受到普洱茶的魅力，从此陷入普洱茶的世界。十几年来，了解普洱茶在中国香港、台湾的发展历程，也亲眼见识了中国大陆、马来西亚、韩国茶叶市场的起飞与未来趋势。未来十年，随着大陆的经济发展，普洱茶将被更广泛接受。

台湾杉林溪青心乌龙茶园（汪政伟拍摄）

健康与传媒

常被拿来仿老茶或是仿野生茶的黄片茶

还记得1998—2001年间，中国台湾报刊媒体不断将普洱茶功效大量曝光：减肥、抗癌、消血脂、排尿酸、降胆固醇等以及法国、日本、中国方面普洱茶医学报告……再加上台湾“卫生署”委托台湾大学食品研究所孙璐西教授研究普洱茶的医疗功效，其结果也证明普洱茶对人体的积极功效。就在中国台湾一片普洱茶热潮之时，出现了越南、泰国等东南亚国家及中国广东、湖南等省份的茶菁仿云南紧压茶、老叶冒充云南大叶茶类、发霉当陈化、新旧茶不分、哄抬年份、炒作价格的情况。2001年初在《普洱文选（增修版）》后记中，笔者曾提及此乱象，甚感忧心。果然，我国台湾一窝蜂的心态是经不起考验的，2001年底，某杂志报导“普洱茶毒台”：广东所谓的普洱茶是湿仓洒水、发霉，制造环境肮脏不堪；当初为了健康喝减肥、喝流行的人立刻却步，风声鹤唳，避之唯恐不及，普洱茶市场瞬间崩盘、暴跌。普洱茶的制作与存放，卫生条件立刻被质疑，然事实是否如杂志报道所述？许多业者与消费者时常问我这个问题，我的回答：是事实，但只是部分事实，是在普洱茶一窝蜂炒作下，部分不肖业者急功近利、违背职业良心的做法，但并非所有普洱茶商与厂家都如此，只是少数业者、短时间的乱象。普洱茶历经近两千年的生存发展，有它优质与被肯定的一面，不可能因为近年的乱象，而毁在我们这一代！

越南茶菁制作的紧压饼

台湾的文化十分特殊，蛋挞、巨蛋面包、保龄球、生机饮食等

等，在国外已有几十年、上百年的传统美食或行业，在台湾都可以在短短两三年，甚或两三个月就一次地起落，为何？云南普洱茶（后发酵茶）在历史上存在已近一千八百年，中国港、澳、广东地区喝普洱、收藏普洱也都有百年以上的传统，为何会发生“普洱茶喝死人的传言”的乌龙事件，消费者一片哗然，业者也不知如何回应。能否让大家思考一下，台湾人的普洱茶品茗文化在哪里？

从20世纪中期，普洱茶就已经在台湾地区扎根；但在1995年以前，普洱茶的品饮者一直局限于少数人。直至台湾邓时海教授出版《普洱茶》一书，正式将普洱茶带入系统研究、高端品茗的境界。以当时的历史时空背景，根本没有多少人了解普洱茶，先不论书中信息正确与否，邓时海先生首先将相关信息系统整理并阐述个人品饮观点，对普洱茶推广有不可磨灭的贡献。而近十年台湾普洱茶市场产生巨大转变，与中国大陆市场息息相关；而台湾市场经营走向甚至观念趋势值得让中国大陆、马来西亚、韩国等新兴市场借鉴，无论是消费者还是茶商。在笔者的观念中，如果将茶叶仅仅只界定在商品，单纯地买卖，任何茶文化都无法扎根。正确信息得不到普及，让市场充满怀疑、猜忌，对茶商、消费者、收藏家只能带来负面影响。

普洱茶的定义

普洱茶于元朝时称为普茶，明朝万历年间正式定名为普洱茶，沿用至今。1970年以前都是属于生茶（以现在定义来说），而下至平民百姓上至达官贵人，都品饮生茶，当时也只有所谓生茶；也就是说，普洱茶一词的定义早有，原本不应该也不需再多作解释。然而，出现渥堆熟茶之后，从20世纪70年代开始，云南与国家标准均只将熟茶视为普洱茶，原本历史上的普洱茶反而被归类为绿茶类，这样喧宾夺主、颠倒史实的现象，直至最近几年才被重新探讨；经过数年争执、修改，终于2006—2008年间先后颁布新标准，将生茶重新纳入普洱茶范畴。

云南省标准计量局2003年3月5日公布所谓的“云南普洱茶”定义为：云南省一定区域内，大叶种晒青茶经后发酵而成的各种产品。发酵有两种途径：

（1）自然发酵，从不加水，放置陈化若干年后，香港俗称“原旧普洱茶”或“生普”。

（2）人工发酵，加水渥堆，出堆即称“熟普”。

但这样的定义犯了最根本的错误，只为图利特定族群或掩饰前段的历史错误，最终还是引起业界的反对，云南省进而再度对定义、标准作出修改。2006 年 7 月 1 日由云南省质量技术监督局发布，2006 年 10 月 1 日实施的云南省地方标准“普洱茶”定义：“普洱茶是云南特有的地理标志产品，以符合普洱茶产地环境条件的云南大叶种晒青茶为原料，按特定的加工工艺生产，具有独特质量特征的茶叶。”普洱茶分为普洱茶（生茶）和普洱茶（熟茶）两大类型。普洱茶（生茶）是以符合普洱茶产地环境条件下生长的云南大叶种茶树鲜叶为原料，经杀青、揉捻、日光干燥、蒸压成型等工艺制成的紧压茶。其质量特征为：外形色泽墨绿、香气清纯持久、滋味浓厚回甘、汤色绿黄清亮、叶底肥厚黄绿。普洱茶（熟茶）是以符

云南普洱（思茅）茶山寨子

古树生茶茶菁

五级熟茶茶菁

合普洱茶产地环境条件的云南大叶种晒青茶为原料，采用特定工艺，经后发酵（快速后发酵或缓慢后发酵）加工形成的散茶和紧压茶。其质量特征为：外形色泽红褐，内质汤色红浓明亮，香气独特陈香，滋味醇厚回甘，叶底红褐。

2008 年制定普洱茶国家标准，普洱茶必须以地理标志保护范围内的云南大叶种晒青茶为原料，并在地理标志保护范围内采用特定的加工工艺制成。国家质检总局规定，普洱茶地理标志产品保护范围是：云南省普洱市、西双版纳傣族自治州、昆明市等 11 个州市所属的 639 个乡镇。非上述地理标志保护范围内地区生产的茶不能叫普洱茶，云南茶企业到上述地理标志保护范围外购买茶叶做成的茶也不能叫普洱茶。

笔者认为，在不违背历史背景与保护云南产业、共创市场的原则下，尽量简化普洱茶的定义：云南省所生产之晒青毛茶，及其所衍生紧压与渥堆之成品。应该如 2002 年学术研讨会上学者的建议，因为普洱茶复杂的特性，有必要脱离于黑茶类别之外，单独成立一类别，包含生茶品与渥堆熟茶品。如此重新定义能将云南茶业的路走得更宽广，也才能提升地方产业、造福当地政府与农民，而不只局限于特定公司或茶商获利。

年 份

茶商不断吹捧强调年份，百年福元昌、宋聘、同庆，六十年红印、五十年蓝印铁饼、四十年七子饼，身价动辄上万元甚至十余万元；年份真实与否暂且不论，这些的确都是具有历史意义、不可多得的好茶品，正如茶商所说的“喝掉一片少一片”。如果您月收入十万百万，且年事已高，喝这些茶品确能符合您的身份地位与身体状态。然，若只是白领或蓝领阶层，您能喝多久？就算您现在经济尚可，老茶每年不断被炒作，价格不正常攀升、不断追高，最后您也不得不放弃喝老茶，近年老茶品价格攀升异象已应验。如此，伤害到的不只是消费者，市场泡沫化也给业者带来危机。

古董茶

而年份的真实性，一直是普洱茶的一个罩门之一。中茶公司有公司志、有厂志，对于不同公司沿革名称、产品规格与包装的转变，大多都有迹可循。而多数的私人茶号老茶来历不明，并无切确史料记载，单凭台湾与香港茶商说辞，人云亦云，道听途说；书上有提到，市面上就会出现。茶商的不专业程度，令人匪夷所思：“中国茶业公司云南省分公司”成立于1950年9月，1951年注册“八中茶”商标，怎么会有1940年的红印？“中国土产畜产进出口公司云南省茶叶分公司”成立于1972年6月，也就是说近代云南七子饼此时才出现，怎么会有1965年的中茶简体、七子黄印、大蓝印、水

勐景紧茶

蓝印？老茶越来越少是事实，供与需决定市场价格，茶商根本不用害怕因为真实年份曝光会影响价格，除非您不够专业，或存心欺骗消费者，蓄意膨胀年份。抢时机、炒短线牟取暴利的茶商，终归会被市场淘汰。消费者可以天马行空自行想象茶是如何地老、如何地神奇，但茶商必须为消费者负责，实事求是。

入 仓

云南地处云贵高原，过去运输全赖人背马驮，运销到中国西藏、香港及现在的蒙古国、东南亚地区，历时一年半载。历史上普洱茶的后发酵，除自然发酵外，运输过程中风吹日晒雨淋，温湿度不断提升或转变对茶产生生物化学和酵素作用，也是普洱茶陈化另一主要原因。20 世纪 50—70 年代初期研发出渥堆熟茶工艺，以满足消费者对口感的要求；而近几十年，香港与广东、台湾对后发酵有了新的诠释。

香港茶商将茶品有计划、概念性地快速入仓与陈化，源自于 50 年代陈春兰老号（香港荣记茶庄吴树荣先生口述）。50 年代以前，鉴于当时的时代背景，香港茶楼所使用茶饮是以大量而低价的茶品供消费者无限制饮用，绿茶、乌龙茶、铁观音单价偏高，低价而量大的普洱生饼、生沱、生散茶（晒青毛茶）成为其首选。然而港人习惯口感以重烘焙乌龙、铁观音为主，普洱茶（当时没有渥堆熟茶）过于苦涩，港人遂将之置于地仓使之自然陈化，在此过程中意外发现高温、高湿、不通风环境能使之快速陈化；后来进过不断的观察与实验，50 年代初期即成刻意人工仓储之方式。20 世纪 50—

入仓失败的7542，饼身一半严重潮湿

60年代，云南省所考察学习之洒水渥堆制程，即源自于此概念。

香港仓储——红印铁饼

1995年以前，香港老茶庄老茶人关于普洱茶的概念是一定要入仓的且不重视年份，如果不好喝，不管时间多么久都是不适合品饮的。在香港老茶庄贩卖普洱茶，很多都是将外包纸与内飞拆下，掩盖年份与品牌。即使到了现在，老茶人仍然如此认为：“云南所生产的茶品只是半成品，必须要经过适当的仓储，才能产生普洱茶真味，这才是真正的普洱茶。”因此，湿仓茶品的概念，不只源自于香港，也成就和定义于香港。

2001年以前，所谓普洱茶品饮文化与信息全来自香港仓储概念，港、澳、台品饮普洱茶即以香港湿仓茶为主，只是茶品在仓储程度上有差异。如上述所言，渥堆熟茶的制程源自于港、粤人工快速发酵陈化之概念，二者在制作原理与生化分析上有雷同之处，均以高温、高湿、闷的方式产生菌类使内含物质快速降解、聚合作用，从而提升其香气口感。经由多位专家学者分析，晒青毛茶在高温、高湿的环境下，并不会产生黄曲毒素等致癌物质，在80℃以上沸水冲泡时所有生菌数归零，这显示普洱茶在适量品饮状况下无危害人体健康之虞。甚至，在《普洱茶中霉菌毒素之研究》（陈秋娥）一文中，直接将黄曲霉菌接种于晒青毛茶，结果在灭过菌的实验组中出现不足以致病的微量黄曲毒素；这一实验证实，普洱茶无论在怎样的环境中，都不会产生致病量的黄曲毒素。

从另一角度思考，两广与港澳地区温湿度均高，相对于北京、西安等北方、西北方干燥气候，就算不刻意入湿仓，如果没有刻意保持干燥（另一角度来说，就是以现代科技观念控制仓储，简称“技术仓”），随意置放于自然环境中，很容易因为湿度过高而产生“湿仓效应”。这是笔者在长时间走访中国大陆各大城

百年同庆仿品

市所得到的经验。2005 年春天，笔者连续在北方停留近一个月，最后居然发现连自己都觉得，从南方带过来的未入仓茶品都有湿闷味。这是让笔者难以忘怀的体验，所谓干仓与湿仓，并非绝对而是一相对的感受。在此之后，笔者深深体会“一方土水养一方人”这句古谚，品饮者在健康无虞的前提下，以自我喜好、口感选择茶品，尝试多种可能性，没必要去排斥别人的观点、口感与喜好。

虽然医学已证实入仓茶无害人体健康，但入仓时常被茶商作为炒作年份的手段，消费者盲目接收“入过仓的茶才好喝”“纸张破烂变黄就是老茶”“水质软茶叶底变红就是老茶”等误导性的观念。所以笔者认为，普洱茶第二个罩门就是入仓。如没有绝对把握，笔者不建议消费者购买老茶。

好普洱

笔者时常在中国台湾或大陆举办普洱讲座或品茶会，茶友时常发问的就是：什么标准才是所谓的好普洱？个人认为，在健康无虞的先决条件下，茶无真假与优劣之分，而每个人的品味、口感、身体状况、经济能力、价值观等都有差异，这些因素都会直接影响其对特殊茶品的好恶与选择。笔者通常建议，茶友选择茶

品的原则只有三个：

一为健康：不喝有喷洒农药化肥的茶，不喝身体承受不了的茶；

二合口感：每个人标准不同，喜好不同，不要随茶商起舞，勉强自己接受；

三有经济：再怎么好喝与所谓名牌茶，超过自己经济能力就不要考虑。

别人认定的好茶，不见得适合你。能够符合以上这三个条件，对你而言就是好茶。以这个基点做考虑，无论生、熟，新、老，入不入仓，任何茶都是好茶。熟茶较不清香，但刺激性很低；新制生茶的茶性虽烈，冲淡喝，口感也很清爽，类似青茶、绿茶；而野生茶水柔质厚，较能立刻品尝，也适合收藏。而新制茶品没有储仓的卫生疑虑，价格又比较便宜，除非身体真的无法接受新茶。老茶无论入不入仓，口感较为醇厚，但必须付出相当高的代价。

入仓老生茶的叶底，好的入仓生茶叶底不应炭化

综而言之，现在关于普洱茶的信息渐渐透明化，喝普洱茶不再只是单纯茶商的一面之词，或者道听途说、以讹传讹。干净油光、汤色清亮、口感清爽，新茶产地清楚、制法明确，是普洱茶未来的营销趋向。专业的普洱茶商提供给消费者正确信息，是责任也是义务。

中茶简体字的茶汤，颜色黄红透亮，汤质醇厚带蜜香

未来趋势

笔者 1986 年开始喝普洱茶，深深体会到普洱茶对身体的益处与心性的正面影响。有生有熟，有嫩有老叶，有茶园有古树有野生，有晒青有烘青，有砖有沱有饼有散，有干净存放有入湿仓，有外包纸内票内飞的印刷艺术，有石模有铁模，有年份纵横近百年，有全新制作的优质茶。

曾有人说过，没有人在有生之年可以完全了解普洱茶，因为一饼全新的普洱茶陈期何止百年，而人在百年之后，茶还在变化。但这也是喝普洱茶的乐趣所在，永远有不了解的新鲜事等着发掘。

目前因为新兴市场不断地被开发，新加入的茶商与消费者呈倍数增长，老茶消失的速度超乎所有人的想象，整个市场一年消耗掉五年老茶，价格也不断飙升，二十年的老茶动辄人民币万余元。是否一定要追高？是否一定要喝老茶？是否一定要入仓才是好茶呢？这个问题不只是消费者要思考，所有茶商如果不断鼓励消费者追求老茶、追求入仓后的仓味与滑润口感，有一天将会没有普洱茶可卖，或是随香港、广东茶商喊价；更何况，现在消费者对于普洱茶的储存方式有了不同看法，因此，所有普洱茶商的观念势必要作出调整。

另外，茶品也属于食品一种，在消费意识抬头的今天，无论是中国台湾、香港，还是中国大陆与马来西亚、韩国，基于健康消费的原则，产品成分标示与制造日期等已经成为必要，无化肥、农药残留也将是诉求。基于上述种种因素分析，笔者预见到，往后市场将会以新茶、未入仓茶或干净油亮茶品为主流，而古树茶将成为高端饮品。

普洱茶市场生态转变

另一个重要问题就是，目前台湾普洱茶市场也正处在一个关键时期。近两三年，笔者频繁往来于海峡两岸三地之间，眼见中国大陆因为国际贸易的兴盛，投资者不断介入此新兴市场，连带地也让大陆沿海经济快速发展。现在的中国大陆，

经济快速发展，普洱茶市场的风起云涌，也是可预期的。至今，整个普洱茶市场生态已有了新的改观，过去云南生产、香港存放、台湾收藏的单一状况不复存在了。中国内地及韩国、马来西亚得普洱茶市场的兴起，已经让中国香港与台湾地区大量的老茶回流，几乎消耗殆尽；受中国大陆对新茶需求量大增、产地价格上涨等因素影响，新茶进入台湾的数量锐减，销售价格与数量还不如大陆，好茶留在台

湾的数量越来越少，不管是新茶还是老茶。香港因为持续收藏新茶进入其传统茶仓，货源不会中断。一两年内，老茶快速消失、新茶老茶价格快速飙涨，茶商与消费者都将无法适应，这将是台湾普洱茶商所要直接面对的问题。

期　许

2004年写这篇文章之前有些挣扎也有些保留，虽然普洱茶市场充斥着许多只想赚钱的短视商人，他们对普洱茶文化的扎根与推广完全不在意。这里，将一些文献史料公布，一定会对这些人影响甚巨。但笔者认为，一定要厘清可能伤害消费者的问题，以维护其权益。本书将关于普洱茶主要引起疑虑及乱象的“普洱茶的定义”“年份”“入仓”“未来趋势”作一简单叙述，目的就是厘清一些过去与现在所发生的事实，让茶商与消费者参考。

笔者以前是教育工作者也是普洱业者，二十几年来执著于普洱，对普洱茶界有一些期许。正确品茗与收藏普洱茶，其观念的建立与推广是普洱业者、传媒甚至爱好者无可推卸的共同责任，而不能只是为牟利而不择手段甚至误导消费者，近视短利的做法只会让大环境更差。普洱茶未来的发展，会因乱象而式微还是在各界共同推广下扎根成长？都在你我一念之间。

云南普洱（思茅）南方风情

景迈古树茶林

03

滇青茶产区气候地理条件

保山—临沧—普洱—西双版纳

云南省地处中国西南边陲，为低纬度高原地区，位于北纬 21°8′22″—29°1′58″ 和东经 97°31′39″—106°11′47″ 之间，总面积约 39.4 万平方千米，为台湾土地面积（3.58 万平方千米）的 11 倍。北回归线横贯临沧南端、普洱（原思茅地区）中南部地区，同时横穿广西、广东及台湾，所以在纬度上是接近的。地势北高南低，高低悬殊达 6663 公尺。这种高纬度、高海拔，低纬度、低海拔的一致性，加上地理位置特殊、地形复杂，主要特点为：（1）区域性差异分明，垂直变化十分明显；（2）年温差小、日温差大；（3）雨量充沛、旱雨季分明，降雨量北少南多，分布不均。

严格界定，古普洱茶区域是指滇南具有近两千年生产茶叶历史的思茅（普洱市）与西双版纳地区。大部分在北回归线以南，属于热带亚热带高原型气候。严格说来，云南省并没有四季之分，与江南地区的二十四节气区分有天壤之别。每年 10 月底至次年 5 月受伊朗印巴地区和沙漠地区气流影响，日照充足、空气干燥、降雨偏少，为明显旱季。6 月至 10 月初受赤道海洋西南季风和热带海洋东南季风影响，温度高、湿气重，降雨日多且量大，为明显雨季。年平均温度 17℃—22℃，年平均降雨量 1200—2000 毫米之间，相对湿度在 80% 以上。土壤为砖红壤与赤红壤为主，PH 值 4.5—5.5 之间，疏松腐质土深厚，有机含量特高。

早期有此多变的环境气候、恶劣的交通与优渥的生态条件，加上许多少数民族受中原内地茶文化影响，以原始的制作方式，从自制饮用到盐茶交易的成型，近两千年来将此传统延续至今，茶也成为现在云南省主要经济作物之一。到清朝普洱全盛时期，产区不断扩增到景东、景谷、墨江、江城，甚至更偏远的临沧、保山地区也都生产晒青茶。主要产区即大理州以南，怒江流域、澜沧江流域两侧为主，这也是目前发现“古茶树”分布最多的区域。

目前云南四大主要滇青茶产区，由北而南分别为保山、临沧、思茅（普洱）及西双版纳地区，气候地理条件分述如下：

保　山

地处云南省西部，北纬 24°08′—25°05′，地势北高南低，最高海拔 3915 公尺，最低海拔 535 公尺；主要河川怒江由北而南贯穿，澜沧江则通过东部。年平均温度 14℃—20℃，年平均相对湿度 75%—84%，年平均降雨量 700—2000 毫米。在云南四个主要产茶区中，纬度最高、平均海拔最高、气温最低、雨量最少。辖区保山、昌宁、腾冲、龙陵、施甸等地，都有茶叶生产，除晒青茶外，昌宁县亦生产滇红。茶叶、甘蔗、烟、咖啡为保山地区骨干产业。

思茅千家寨房桥

临沧小镇

临　沧

地处云南省西南部，北纬 23°29′—24°16′，地势北高南低、东西两侧高，最高海拔 3429 公尺，最低海拔 730 公尺；怒江支流由东北向西南，澜沧江由北而南沿县境东南侧流过。年平均温度 15℃—20℃，年平均相对湿度 70%—82%，年平均降雨量 920—1800 毫米。辖区临沧、凤庆、云县、永德、镇康、双江、耿马、沧源等地，都有茶叶生产，除晒青茶外，凤庆与云县所生产的滇红更为云南省知名特产，属于国际知名红茶产区，为目前云南省所有茶叶产量（含普洱茶）最多的地区。近年勐库地区受市场所关注，为一新兴茶区，尤以冰岛、昔归古树茶为市场所追捧。

普　洱

地处云南省南部，北纬 22°02′—24°50′，为云南省面积最大地区。北部山势排列紧密，往南向东南、西南散开，呈扫帚状，北高南低；最高海拔 3370 公尺，最低海拔 317 公尺。主要河川澜沧江由北部临沧边境贯穿境内西南部。北回归线从中部景谷、墨江附近穿过，将全区大致分成南北两大部分。年平均温度 15℃—20℃，年平均相对湿度 77%—85%，年平均降雨量 1100—2200 毫米。在十个辖区县市中，每个县市均有生产茶叶，其中以镇沅、景东、景谷、澜沧、江城等地为主要生产县市，滇绿、滇青均大量生产，尤以澜沧县邦崴、景迈茶区以及宁洱县困鹿山最为有名。

西双版纳

地处云南省最南端，北纬 21°10′—22°40′，地势北高南低。最高海拔 2429 公尺，最低海拔 477 公尺，澜沧江由北而南贯穿境内。年平均温度 18℃—21℃，年平均相对湿度 80%—82%，年平均降雨量 1200—1400 毫米。在云南省四个主要产茶区中，

纬度最低、平均海拔最低、温度最高、降雨量最高，但却是普洱茶生产历史最悠久、产量最高的区域。全境位于北回归线以南，属亚热带气候。日照充足、相对湿度大、雨量充沛，土质以砖红壤和赤红壤为主，土层深厚、有机质含量高，非常适合茶树生长。得天独厚的条件使勐海享有“大叶茶故乡”的美誉，也被尊称为“普洱茶的原产地”。下辖景洪市、勐海县、勐腊县，以及 11 个国营农场。境内还有全世界唯一在北回归线附近的热带雨林区，在国内外享有“植物王国”“动物王国”“药物王国”的美誉，为全世界少有的动植物基因库，1993 年被联合国教科文组织接纳为生物保护区成员。境内知名茶山南糯、老班章、易武等都是为市场所追捧的纯料茶区。

易武茶马古道

04

普洱茶制作之古今与迷思

传统普洱茶—现代普洱茶—制作的迷思—结语

经典普洱

普洱茶制作之古今与迷思

传统与创新之间是否一定存在着冲突？在普洱茶的世界里，从少数民族到国营厂，从古董茶、印级茶到现代云南七子饼，制作工艺对普洱茶的影响有多大？并且对于普洱茶的后续陈化有何关键？这些问题对于一般消费者或许没有意义，但对制茶厂、茶商与收藏家而言却不可忽视。

现代普洱茶标准工序制程来自于国有厂，虽国有厂部分有基地茶园，但向民间、少数民族收购茶菁的比例相当高，而少数民族或民间茶厂至今许多仍没有较为先进的器械，制成青毛茶的工艺与国有厂成品有时差异甚大。2004 年两个国有厂陆续改制民营，普洱茶随之信息越来越透明，茶商、茶厂由此要求精制高端产品，收藏家与玩家对此亦要求越来越高，整个云南普洱茶工艺也渐趋完善与多样化。所以严格说来，普洱茶在国有厂带动下虽有一套完整标准工序，但因不同民族、茶种、气候、设备、个人要求等因素影响下，普洱茶制作方式可说相当多变，但这也是常令普洱玩家惊艳之处。

广阔的晒青场

传统普洱茶

采摘后无揉捻直接日晒干燥之毛茶

根据古代文献（《蛮书》《滇南新语》《普洱茶记》等）记载，唐代滇南地区的茶为“散收、无采造法，以椒姜桂合烹而饮之”，与当时内地的饼茶、团茶的制法与型态不同。只将茶叶由树上采摘下来后，直接日晒而成生晒散茶，这可说是云南最早的普洱茶。现在还有许多云南少数民族所饮用的茶品，仍以此简单古法制作，尤其以粗老叶居多；这种制程虽然简单，因未经杀青、揉捻，虽然口感较淡，然入口清甜而香气持久，有其特点与健康功效。

明朝时，除散茶外还出现毛尖与蕊珠茶，属于幼嫩的高级绿茶类。而贡品中的紧压团茶也有两种：二两四两的芽茶与一斤到十斤重的女儿茶。清朝为普洱茶的鼎盛时期，贵族人士饮用普洱茶蔚为风潮，普洱珍品毛尖、芽茶、女儿茶都被作为贡

竹篾　用来捆绑竹箬包装

同庆号内飞

品，普洱文献也达十余部。制作工序逐步出现炒青工序，出现贡品八色茶等许多各式花色品种。19世纪初期，商人开始在民间收购毛茶，将其细分成铺面的嫩材与较粗老叶的里茶，蒸压成包面的团茶，此即现代紧压茶拼配模式的原貌。这种做法改变，原本以采茶季节分档次、级别的概念，使普洱茶能藉以生产大宗花色产品，适应广大销售市场需求。

到了20世纪初期，普洱茶不需上贡朝廷，成为一般民间商品茶，蒸制以竹箬（竹皮、笋壳）成团裹的竹篓装大宗茶。有文献（《云南茶叶产销概况》）指出云南普洱茶制法分初制与覆制，初制是将鲜叶经锅炒杀青、手揉、晒干而成；覆制再分毛茶筛分与蒸揉（精制）两阶段。

同庆号竹箬

1953—1954年间，云南省茶叶研究所调查傣族生产茶品工序，原则区分出如下三种型态：

（一）杀青→揉捻→晒干

此即晒青毛茶，与一般认知的少数民族传统制法相同。将鲜叶放入热锅内手炒杀青，至颜色转深绿色时倒在竹席上以手揉条状，再摊均晒干。

（二）杀青→揉捻→后发酵→晒干

此制法的后发酵方式，是将杀青揉捻好的茶叶在干燥之前，先装入竹篓中进行后发酵，让茶叶转成红褐色，隔日才将茶叶日晒干燥。过程类似渥堆，但并无洒水增湿之步骤。此类做法，茶叶成品为黑褐色，有些类似红茶，与晒青毛茶的香气、口感大有不同。

（三）杀青→初揉→后发酵→晒干→复揉→晒干

此制法在杀青完，第一次将80%以上茶菁揉成条后，即装入竹篓进行后发酵；

天龙竹笋　竹箬是传统包装茶品使用之原料

等待收购的鲜叶

隔日再摊均在竹席上，晒至半干时，再将未完全揉成条状的偏老叶部分再揉一次，而后再晒干即成。

云南在1938年以前一直只生产晒青茶，1945年蒸青绿茶、1964年揉茶机出现，此时也才开始生产云南大叶种烘青绿茶。可以推断，从1964年开始传统晒青毛茶在充分接受现代文明的冲击与新制茶技术洗礼下，制作工艺开辟了另一种思路。

传统制法因为没有经过高温炒青及干燥，酶的活性没有完全消失，在经蒸压工序或储存过程中，仍可以继续进行发酵及氧化作用，口感香气浓烈且可长存久放。不像一般经过高温炒青与干燥的绿茶，虽然香甜可口，但如果没有适当保存，会在很短的时间内产生质变。

传统晒青制法目前不仅许多滇南地区少数民族仍在使用，而且所制成的晒青毛茶口感也多样化；而制程中微渥微发酵的做法，也是现代普洱茶洒水渥堆工序的先驱。

传统普洱茶制作加工

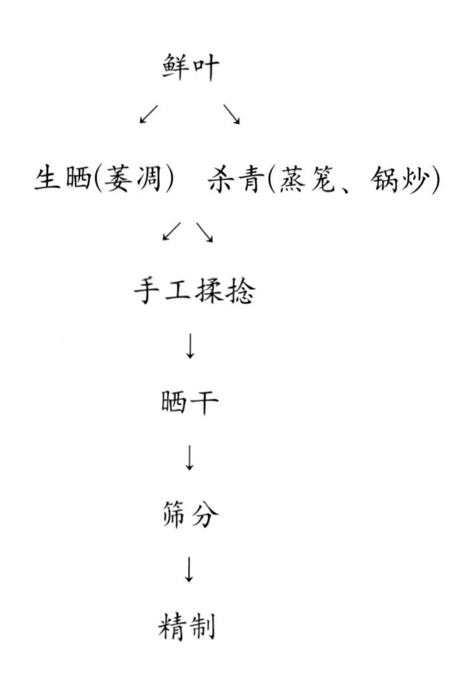

现代普洱茶

史籍记载，普洱茶“味苦性刻，解油腻牛羊毒”“醒酒第一，绿色者更佳”“帮助消化，驱散寒冷，有解毒功用”，传统普洱茶虽有对人体即时性的正面功效，但比起一般绿茶，其强烈的口感有些令人却步。为因应效率时代，用人工以纯化强烈口感，普洱茶在20世纪60年代有了重大改变。现在云南地区茶商、消费者与学界所称“普洱茶”，即为台湾市场所称的普洱熟茶；而普洱生茶则称之为“晒青茶”

鲜叶生晒（萎凋）

架高存放毛茶的仓库

或“滇青”，甚至在2006年之前在六大茶类中归为绿茶。

现代普洱茶渥堆技术形成于云南省茶叶进出口公司20世纪五六十年代，云南省茶叶进出口公司吸取广东与香港茶商人工加温加湿、快速陈化的湿仓经验，结合原先内地炒青后、未干燥直接装竹篓的微湿后发酵做法，不断加以改进，利用微生物促进茶叶人工发酵。

普洱熟茶与滇青最大的差别在于渥堆，渥堆工序是左右质量优劣的关键。每次取用青毛茶十公吨为一渥堆单位，潮水（洒水）量视季节、茶菁级数与发酵度而定，通常是茶量的30%—50%左右，毛茶堆高度在一米左右。茶堆内部温度不可过高，视制作当地的温湿度与通风情况来进行翻堆，使茶菁充分均匀发酵，若堆心温度过高会导致焦心现象，即茶叶完全变黑焦炭化。经多次翻堆后，茶菁含水量接近正常时，便不再继续发热。整个渥堆工序时间，视所需发酵度状况不同而异，一般传统做法约四至六周。近几年，厂家为减轻堆味、增加口感而改良工艺，低温、少量多次潮水、长时间发酵，已将渥堆时间增至八至十二周。

枣香厚砖——熟茶

渥堆人工熟化除了氧化作用外，其发酵基本上是利用湿度来培养微生物，再藉

微生物产生大量的热能与分泌的酶来进行化学反应，使儿茶素与多醣类氧化降解。除了让茶汤有特殊香气与口感醇化外，许多抗氧化活性成分更有益人体健康。在制作过程中，不同的温度、湿度及酸碱值，会产生不同的菌种，也因此对普洱茶质量会有绝对性的优劣影响。

目前，云南某些民间茶厂利用特定微生物进行渥堆发酵，与国营（国有）厂使用传统潮水方式不同，其产品差异性甚大，发酵后半成品与红茶的香气口感有些类似，而没有明显堆味。未经潮水增湿，直接以菌类发酵的制作工序，至今仅少数厂家与个人在少量生产，并未普及，市场接受度与质量优劣还待后续观察。

越来越多的现代医学研究文献证实，普洱生茶因含高比例儿茶素，具有抗氧化、抗癌效果，而渥堆熟茶有降血脂尿酸、减肥、预防糖尿病及前列腺肥大、抗菌消炎等功效。且对湿仓、渥堆茶品做急性毒性的安全研究也有重大进展，结果证实完全

制作晒青茶的老夫妻

符合WHO检验安全标准，在80℃以上水温冲泡下，对人体健康无害，还有保健功效，饮用安全上无顾虑。

现代普洱茶制作加工

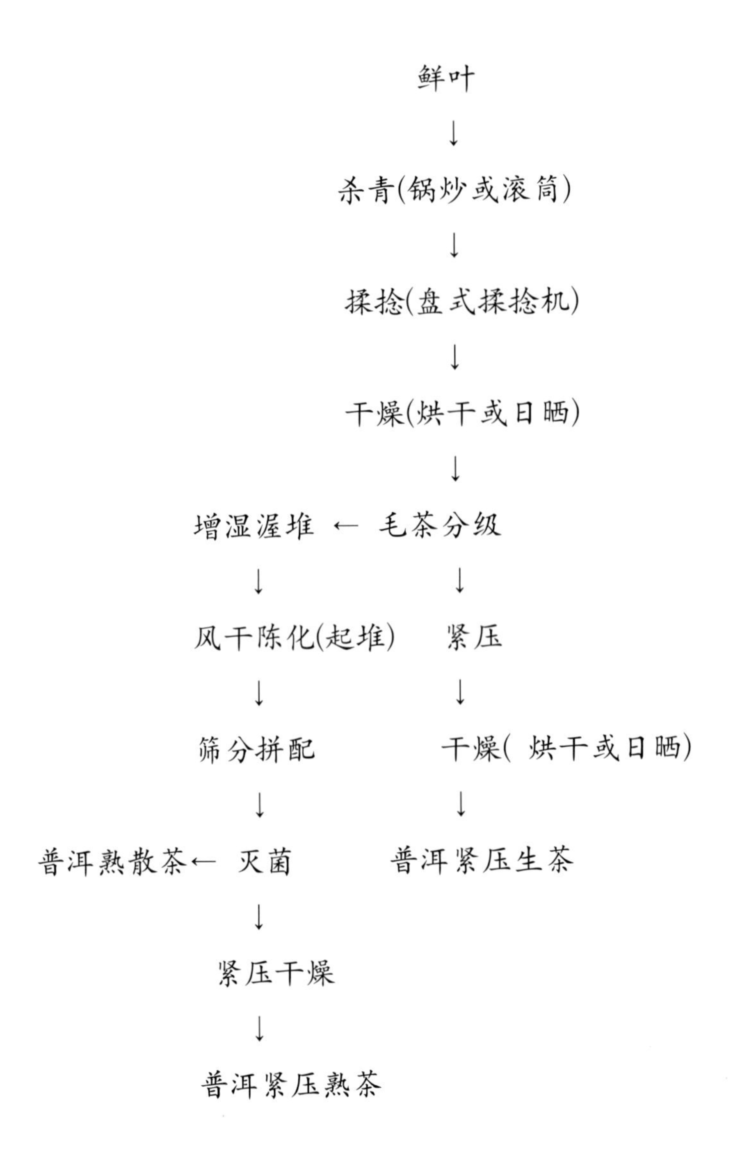

路上茶叶交易

巴达大黑山野生茶

制作的迷思

乔木野生、古树与茶园茶

坊间有关普洱茶的书籍，尤其针对古董茶、印级茶的茶菁分析，是在强调说明“单一茶菁”“大叶种野生乔木”的优良品质。据现代对于云南茶叶浸出物的科学分析，如茶多酚、儿茶素、茶氨酸等，大叶茶类的确优于其他小叶茶类，古树乔木也优于茶园茶。然而，从消费者品茗与收藏角度来看，这些科学数据是否真有其意义？单一茶山、茶菁，是否一定优于拼配茶？甚至，有多少消费者与茶商能分辨茶种、茶区与等级？这些都是你我需要思辨之处。

市面上只要冠上乔木、野生或古树茶，价格必然三级跳。野生、古树茶有其特殊之处，但消费者如何去区分？以下为笔者在历经几年的研究与参考文献，以及实地参访普洱茶四大产区后所得到的初步分析。

茶树生长型态与茶园管理

目前历史上记载的普洱茶区共48处之多，遍及西双版纳、普洱（思茅）、临沧、保山等地区。古代产区六大茶山集中于现今景洪市与勐腊县；明清全盛时期扩展到景东、景谷、墨江、江城、下关、临沧、保山等十多个县市，这是现今野生大茶树分布最多的区域；从河域来看，可发现分布于大理以下怒江与澜沧江流域的部分，甚至一直延伸到越南老挝等，而东南半岛这些国家，在边境地带也采收许多栽培型野生茶贩卖到西双版纳地区。

云南学者2002年之前依据管理方式来作区分，将茶树生长型态分为“野生茶”“台地茶”；“野生茶”又分为“野生型野生茶”与“栽培型野生茶”。早期云南先民拿自己喜欢的茶树种，以种子种植在杂树林中，而种植之后没有刻意修剪、管理，只在春秋之际少量采收以供自己（或族人）所需，这就是“栽培型野生茶”名称的来源，虽然是人为栽种，却完全没有刻意整理茶树、茶林，与所有树种共生、

野化于丛林中，被归类于“野生茶”有其原由。

然而在2004年之后，“栽培型野生茶”的崛起，市场关注、价格扬起，少数民族茶农认识到此“农作物”会带给他们相当利润，因此也开始“特别照顾”；锄草、去杂树冠、修剪等台地茶管理方式全用在这些“野生茶”上。因此，市场与学者也都开始质疑“栽培型野生茶”这一名词的恰当性。

经过一段时间与多方讨论，2006年底在一次非正式会议（茶会）上笔者与其他与会成员一起品茶讨论后（茶会中还提及普洱茶茶类归属的问题），与会者的共识如下；依生长、管理型态与树龄区分为：

1. 野生茶

不论树龄，原始茶种未经过驯化、育种、刻意管理之可饮用茶种，即为野生茶。它多为乔木，少部分为小乔木，树姿直立高耸。茶叶因种生而容易变异，在同一茶种中，常有多达四五种变异茶种。嫩叶无毛或少毛，叶缘有稀钝齿，半展未开之三级芽叶长5cm—8cm，成叶长可达10cm—20cm，叶距较远。因叶片革质肥厚，不易揉捻成条索，毛茶颜色多呈墨绿色。主副叶脉粗壮而明显。茶性滑柔而质重，香气深沉而特异，口感刺激性很低，但水甜、回甘长且稳定。许多野生型茶菁苦而不化，当地少数民族称之为苦茶，容易导致腹泻，并不适合饮用；野生型茶种能适合做茶品者反而较少。品种多属大理茶、后轴茶等，均有微毒，亦不适饮用。

少数可饮用的野生茶

少数可饮用的野生茶叶底与汤色

2．古树茶

原学名为“栽培型野生茶”，云南多数少数民族称“大树茶”。有树龄百年以上之阿萨姆种与其变异终小叶茶类。生长型态以小乔木居多，树枝多展开或半展开，树高1.5m—3m。因有人工管理，茶叶因种生有时产生变异，在同一茶区中，约有两三种变异茶种。嫩叶多银毫，叶缘细锐齿，半展未开之三级芽3cm—5cm，成叶长可达6cm—15cm。灌木叶身较乔木薄，毛茶颜色多呈深绿或黄绿色。主副叶脉明显。茶性较野生型强烈而质相当，香气较扬，口感较野生型水略薄而刚烈。然坊间所认为的栽培型野生茶，多为民国初年以后或是50年代种植而野放的茶园茶，真正茶龄达数百年的茶树所占比例不高。

景迈古树茶叶

3．荒地茶

早年云南许多晒青茶菁来源多属于野放茶，为茶园经栽种后少有人工管理，不洒人工化肥与农药，只稍做锄草与翻土整理，现代称之为生态茶，树高约1.5m—2.0m。茶种因种生而稍有变异，叶质肥厚、色泽较深。当地人称为老树茶，坊间称之野放茶、放荒茶。

4．台地茶

分为现代管理之茶园茶，以及人工栽培但无管理之荒地（野放）茶。茶科植物种生容易变异，为稳定茶菁质量，现代台地茶园管理多以良种茶阡插无性生殖，较少有种生苗。2003年以前，高度人工管理的无性生殖良种茶，都属于滇红、滇绿茶园，少用于制作普洱茶原料；

古茶树

台地茶

荒地茶

荒地茶

正在挑茶菁的老奶奶

2003年底开始，普洱茶大为盛行，滇绿与滇青价格贴近，许多茶贩收购改良种绿茶原料以滇青制程制作毛茶。

野生、古树茶是否一定优于荒地、茶园茶？新制茶在成分分析上是如此，而在陈化的优质性，也是野生、古树茶占优势；但还必须考虑制程与取用茶菁是否得当，不然空具野生、古树茶之名有何用？云南当地茶菁价格以制作质量及级数来论定，野生茶在同质同级数的茶菁中，价格已达数倍甚至数十倍；虽然这是市场导向，但消费者盲从追求纯料、古树、野生茶，也让不良茶商从中炒作与作假。至今，坊间仍可常见茶商以级数较粗老叶或级外茶冒充大叶、野生、乔木，蓄意误导欺瞒消费者，市场之混乱可想而知。

然为何野生茶有如此大的炒作空间？主要是因为坊间普洱书籍与茶商将古董茶、印级茶都说成是由乔木野生茶制作，但事实是否如此？如果能将近百年的云南制茶相关文献了解，可知当时茶园栽培已相当普遍；若有能力辨识叶种，在观察古董茶或印级茶叶底时，可以发现当时制茶方式以拼配的居多。也就是说，同一批茶中常出现有不同茶区与茶种的情形。因为单一茶区单一茶种的制茶，时常会出现香气扬但质不够重，或是质重而香不足的情形。19世纪初，制茶师就了解，为了取各茶菁优点，采用不同茶区的茶菁和级数的茶加以拼配，是一良方。从历史背景，到当时采摘习惯、茶园生态，加上口感、叶底判断，号字级的古董茶品以古树茶为主，略有小树，属于混采方式，而印级茶品则明显有拼配荒地茶。

以常规来说，一定是先有纯料茶才有拼配茶，而直至19世纪初开始到现代，为何以拼配茶为主？一二百年来所需产量并不大，以目前各大茶区古树茶面积与产量看，单一茶区、单一季节对于当时市场所需供应绰绰有余，根本不需要为了产量因素而拼配，很明显是因为增加口感、茶质而拼配，纯料茶是因为不被市场接受而逐渐式微。要了解普洱茶，就应了解纯料茶，但要制作或品味好的普洱茶，则应以“拼配”为目标。“拼配”确实是提升口感及质量的最大窍门，好茶品应要有全面性口感与体感，惟有“拼配”才能臻至完美平衡。现在追捧、鼓吹纯料古树茶的人，主要是因为不懂、不了解拼配茶的优点与纯料茶的缺点，实是可惜。

滇绿与滇青普洱生茶

云南普洱茶的原料——青毛茶，也就是所谓的滇青，与云南烘青绿茶最主要的制程差异，除了使用茶叶级数外，主要在杀青温度与干燥方式为日晒或烘干，也就是温度与时间掌控。当然，滇青特殊的“太阳味”是主要特色，但历史因素不代表真理或不可变。

云南主要大叶种产茶区位于北纬 25 度以南的滇南、滇西南地区，也就是普洱茶四大主要茶区保山、临沧、思茅（普洱）及西双版纳等地区。就产茶区的气候特色而言，属于高原型热带、亚热带气候，四季温差较小、日夜温差大、干湿季分明、垂直变化显著。

早年野生茶刚开始被市场注意时，黄片茶就成了混淆冒充的茶品

“日照充足”是滇青茶在制程中干燥工序最具关键的因素。云南与江南地区的气候差异甚大，江南二十四节气的说法在云南并不适用，采摘制茶时节明显不同，“散收无采造法”“采无时”一词已充分将云南传统制茶精确地形容。但云南每年 5 月到 10 月为雨季，阴雨绵绵无

日照时，如何制茶？

民间少量制茶只需一至两天的时间，在阴雨绵绵的天气里很少制茶，鲜叶过于潮湿杀青不易，而青毛茶干燥不足容易发霉；另或避免干燥不足，以烧材火烘干或熏干，但如此处理毛茶或成品特色尽失。现代拜科技文明之赐，在阴雨天气制茶，仍可以烘干机或烘房将青毛茶与紧压成品完全干燥。

绿茶杀青温度在210℃—240℃之间，乌龙茶杀青则高达250℃以上，而滇青杀青锅内壁温度应该低于180℃以下，茶叶温度应该在60℃—80℃之间，此为晒青毛茶与其他茶类第一个差异处。雨季时，鲜叶过于潮湿杀青不易，过与不及都容易导致杀青不透或发酵度过高、香气不足、薄汤或苦涩不化等现象。晒青茶在揉捻完之后，直接均摊在竹席或水泥晒场，以日晒干燥，晒干过程翻拌2—3次，室外温度一般不会超过40℃。但如果以烘干机进行干燥工序，通常温度掌控在80℃以上，甚至100℃—130℃之间；杀青温度高，毛茶高温干燥，紧压成品如果仍以烘房高温干燥，就成为标准的滇绿普洱。2002—2004年间参访某大厂与易武许多作坊小厂时发现，紧压生茶成品在烈日下连续曝晒两三日，其产生的香气口感完全不同于自然阴干四五日或低温干燥的成品干燥处理方式，后期陈化将产生酸、薄、淡、寡，甚至锁喉现象。虽成品日晒干燥为传统制程之一，但以日晒快速去除苦涩口感的方法并不可取。

干燥　烘房

紧压后日晒干燥，不利后期陈化，口感呈现酸、薄、淡、寡

杀青温度过高导致酶完全停止作用，加上若新制品含水量低于9%，在长时间存放与空气接触过后，可能只会让普洱茶出现类似绿茶的吸湿受潮劣变而不是后发酵。高温杀青、高温干燥的新制“滇绿普洱”的特色为茶菁浅绿或青绿色、汤色黄绿清香，但一两年后通常汤色变浊、香气降低、口感变薄而较不回甘，无法出现晒青茶越陈越香的特色。有一些陈放多年的生饼，虽未入过湿仓，但品茗时无香无味，甚至苦而不化，叶底难以转红，可能与上述状况有关。

目前坊间有许多茶商标榜立即可以喝的“清香甜水”“不刺激”的滇绿普洱多为此类制法。为迎合消费市场，目前大厂货都有这现象。如果消费者想要立即品饮、较无法接受晒青茶的苦涩味，那么滇绿是一个很好的选择。然而以长期存放、越陈越香的角度来看，高温制茶的滇绿普洱茶并不能达到这个要求。从这个观点来看，滇绿普洱茶与传统滇青普洱是有所差异。

大渡岗的万亩绿茶园

结　语

普洱茶来到台湾地区只有五六十年的历史，加上原本普洱茶的研究文献相当少见，以致许多普洱茶的神话一直在坊间流传，例如湿仓、年份及迷信所谓“正山”与单一茶菁。

笔者在1986年开始接触普洱茶，1999年在许多友人的怂恿之下经营普洱茶专卖店。在教育界十余年，虽于2005年离开大学教职，以教育工作者的角度来看，目前台湾地区普洱茶推广所面临的障碍，主要是因为茶商与消费者对普洱茶特殊原料、制程及储存的正确概念相当模糊，以致于传统市场价值一味追求入仓、陈香与年份，新兴市场则追捧名山、纯料与单一茶菁。而消费者取得正确信息比茶商更加不易，对于云南普洱茶真假辨识、有无收藏价值等根本无从得知。想要将普洱茶市场导向正轨，让消费者无论是品茗或收藏的标准有所依据，制造厂方、茶商，甚至杂志媒体都应以科学、认真的角度，提供正确信息给消费者，对于整个普洱茶市场才有发展与未来。

05

普洱生茶与熟茶制程辨识

普洱茶制作与流程—生茶与熟茶辨识—勐海茶厂熟茶特色—仓储的影响—仓储与香气—市场趋势与价值观—个人观点—结语

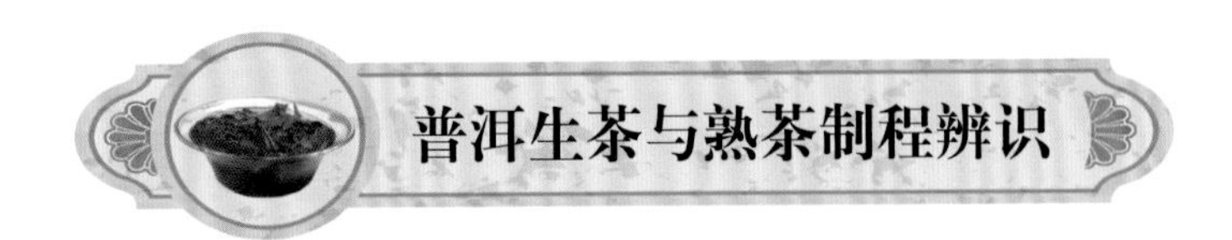

普洱生茶与熟茶制程辨识

整个普洱茶市场方兴未艾，中国大陆、马来西亚、韩国等地需求量大增，虽然所有古董印级茶皆为生茶饼，导致消费者收藏普洱茶是以生茶饼为主要对象，然市场消费仍旧以熟散茶、熟砖与熟饼为主，市场需求几乎是平分秋色。

笔者几年来不断深入云南各茶区，针对季节与制程对普洱茶质量的影响进行

红印

熟茶饼

研究探讨。依个人见解，春茶香浓质重、口感饱满，适合在云南旱季时节制作生茶；10月中旬以后的谷花茶，质地虽重，但口感偏苦，比较适合与春茶混拼做生茶品，或是混和雨季茶做熟茶。而雨季所生产的茶菁，适合在温湿热的雨季时节制作熟茶品；因为熟茶品需经过洒水渥堆发酵，茶品本身内含物质必须丰富，可稍加少比例春秋茶增味增香。以目前个人所了解的茶区来说，临沧南部的茶菁是许多熟茶的配料茶菁来源。而个人偏向喜好勐库、勐海、凤庆、景谷等口感较重茶菁为主料。

普洱茶园

普洱茶制作与流程

生茶与熟茶的差别在于制成青毛茶后，熟茶经过洒水渥堆（包含喷雾式、菌类等）人工快速发酵，而生茶则没有，生毛茶或直接蒸压成紧压生茶。在此稍作介绍普洱茶制程、名词说明与生熟茶差异。

鲜叶采摘

传统制程与观念，在没有下雨时，最佳时间在日出后半小时至 1 小时后，避免鲜叶水分含量过高，不利萎凋与杀青。早上 10—12 点左右会完成采摘、萎凋、杀青与揉捻，而后进行日晒干燥至下午 4 点左右结束，依晒茶量与气候而定。若于中午过后采摘，杀青、揉捻后如果来不及干燥，少数民族通常以熏干方式干燥；此时若干燥不完全，发酵度偏高，会直接影响茶质。现代制茶已引进青茶制程概念，当天采摘鲜叶放置萎凋 8—12 小时，而后才进行杀青揉捻。

台地茶采摘季节则有旱季、雨季之分，旱季春茶在 2 月底至 5 月中，大约分三采；

新冒绿芽的古树茶

刚采摘下来的鲜叶

谷花茶则在9月底至11月底之间，大约分两采，5月底至9月底为雨季茶。古树茶头采称春雨前早春，约在春节后40—50天，茶树龄越大发芽越晚，春茶第二采约在春节过后70—80天。雨季时古树反而很少发芽，四个月雨季只采摘一次，秋茶约在雨季结束后15—20天，通常在10月底11月初，只采摘一次。各时节所采摘茶菁，对外观与茶质有经验者稍能辨识。

鲜叶萎凋

萎凋

主要将鲜叶水分含量降低，降低杀青温度，亦可柔软叶质。在旱季自然阴干萎凋，有些则以轻微日晒萎凋，在雨季则以热风萎凋。不同萎凋方式，导致不同香气口感。

杀青

茶菁摊晾

普洱茶杀青主要方式为锅炒或滚筒式杀青，其锅内壁温度应该在180℃以下，茶叶温度则在60℃—80℃之间，全程6—12分钟左右，温度与时间都需依杀青工具、实际投茶量、茶菁嫩度、水分含量等因素做调整。完成后，

锅炒杀青

滚筒式杀青

正常茶菁叶色由鲜绿转为深绿或墨绿。杀青完后，仍是将茶叶摊晾，准备进行揉捻。绿茶、青茶类杀青目的在于停止发酵，而普洱茶则是为了抑制酵酶，减缓发酵速度。

揉　捻

揉捻后的茶菁

传统制茶以手工进行揉茶，且依茶菁粗细，分粗揉与复揉两次，尤其针对梗枝部分特别着重二次复揉。现代制茶则多以机械式盘式揉茶机处理，而后再人力进行部分加工或挑拣。目的在于使茶叶表面裂而不破，茶汁覆于表面，使内涵物质均匀渗出。

解　块

盘式揉茶机

盘式揉茶机通常会造成茶菁结块，以现代制程会以解块机进行解块。传统手工揉茶则直接在揉茶时，顺手进行茶菁分离。

机器揉捻后的解块

毛茶干燥（晒青毛茶）

揉捻解块完后，茶菁直接均摊在竹席或者水泥晒场，以日晒干燥，晒干过程中翻拌2—3次，日晒加热有辐射，一般不会超过40℃。如果干燥不完全，将会使茶菁过度发酵，甚至可能出现发霉现象；过度日晒，则导致出现耗味。干燥完全的青毛茶，色墨绿或深绿，叶身较薄者为略带黄绿色。此即俗称“晒青毛茶”。

晒青场

毛茶分级

将晒青毛茶依芽毫多寡、心叶比例，或以单叶大小筛分等级。一般古树茶以人工方式挑选，台地茶（茶园茶）则多以筛分机处理。

筛分机器

渥　堆

传统熟茶制作方式，每次取用青毛茶 10 公吨为一渥堆单位，最大适合量为 50 吨，潮水（洒水）量视季节、茶菁级数与发酵度而定，通常是茶量的 30%—50% 左右，茶堆高度在一米左右。茶堆内部温度最高在 65℃左右，视制作地的温湿度与通风情况来进行翻堆，使茶菁充分均匀发酵，若堆心温度过高会导致焦心现象，即茶叶完全变黑焦炭化。经多次翻堆后，茶菁含水量接近正常时，茶叶霜白现象褪尽，

不同渥堆时间的茶堆与茶菁

便不再继续发热。整个渥堆工序视所需发酵度，正常状况约耗时 4—6 周，现代改良技术则在 8—12 周的时间。

传统渥堆熟茶较为市场所接受者，多数产自西双版纳州。其原因除了茶菁质量与技术外，该地区气候十分适合渥堆过程菌类生长繁殖。虽然许多勐海熟茶品茶菁来自临沧地区南部，但发酵制程仍以勐海为主。而在发酵过程中，这一地区渥堆味也较不刺鼻、没有酸腐味，这也与当地水质、技术及发酵时参与作用之菌种有关。

一般而言，渥堆技术以一次完成为原则，若发酵度不足、不完全，则易出现酸化之劣变；若因发酵不足，干燥后再进行二次洒水发酵，容易发生汤质薄、味

潮水后覆盖，以保湿加温

淡带苦，叶底糜烂之现象。发酵过度，则有碳化现象，汤薄甜而无质，叶底黑硬。

目前熟茶制作方式，除了上述传统潮水渥堆，喷雾式增湿、菌类发酵等，也有不少厂方进行试验与实际生产，产品各有特色，也期待现代科技能给传统产业提供新方向。

灭　菌

以高温干燥渥堆完成之熟散茶，消灭茶品中可能不利于人体之菌类。此工艺只出现在外销西方的茶品，过去尤以美国要求严格。

拼　配

熟茶拼配是依不同之需要，将不同级数紧压成品，或以不同茶区、茶种、制程之茶菁混合成特色紧压茶品。拼配的茶菁，口感变化丰富，有层次变化优势，

秤茶菁

但须对茶种、茶区、制程等十分了解，方能拼配出优质茶品。

蒸压与干燥

将青毛茶置于蒸筒之中，以蒸气蒸软后压制。有涡轮蒸压之蒸压时间，100 克沱茶或小方砖约 3 秒、250 克沱或砖茶约 5 秒、357 克饼茶约 7 秒；传统煮水蒸气蒸压法，100 克沱茶或小方砖约 20—30 秒、250 克沱或砖茶约 30—45 秒、357 克饼茶约 45—60 秒以上，蒸压时间与使用器具、热源有关。紧压摊晾后，解外套棉布，进行干燥。蒸压温度与时间、压力对茶品的香气口感有绝对性的影响。传统干燥方式有两种，自然阴干在旱季约 3—5 天，雨季则不适合，低温干燥也需 3—5 天时间。刚制成的茶品水分含量通常在 16% 以上，而在静置存放两三日后，水分含量会渐减（蒸发）至 9%—10%；但在自然环境存放后，水分含量随环境水分增减而自然调整。

现代干燥工序则多以烘房干燥，如果干燥温度过高，则容易破坏茶质，直接影响茶品香气口感，且不利于陈化。这也是目前现代普洱茶制程中最关键与矛盾的一环。普洱熟茶若成品干燥温度过高，将导致茶品汤质薄而带水味，也会影响绪后茶品之陈化。反之，若干燥不足，则茶心附近最容易产生霉变。

蒸软

套上布套成型

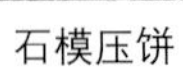

石模压饼

机器压饼

干燥烘房

检查干燥完成等待包装的茶品

茶品包装

传统制程	现代制程
野生茶、野放茶为主	台地茶为主
手工铁锅杀青，手工揉茶	滚筒式杀青
青毛茶日晒干燥或是烟熏火烤干燥	青毛茶日晒干燥或是机械烘烤
紧压成品自然阴干或是日晒干燥	紧压成品自然阴干或是烘房干燥
外包手工纸、竹篮、竹壳、竹箬包装	仍部分保留传统包装 许多改以机器纸、纸箱、纸袋、铁丝
晒青生茶类，不包含渥堆熟茶	官方所指普洱茶为渥堆熟茶

生茶与熟茶辨识

定　义

简单地说，晒青毛茶经过洒水、喷雾、菌类等人工快速熟化方式的成品，即为普洱熟茶品；反之，晒青毛茶及其紧压制品则为生茶。

老班章生茶饼

亦如是熟茶饼

辨　识

普洱茶辨识生与熟茶品，可说是最基本的入门。然有些茶品制程以轻发酵制程或是因制程失败而自然产生轻发酵，如此茶品易让刚入门的消费者混淆。此类茶品完全需看经验与实体辨识，很难以文字形容，所以笔者不在此冗述。还有些茶品入湿仓之后，因当初制程发酵不均或拼配老茶菁，或因湿仓潮水不均，叶底有黄红色与黑硬叶底夹杂，常有茶商与消费者误认此为生熟料拼配；在国营（有）厂并没有生熟料拼配方式，这纯粹是信息不足的误判，现代私人茶厂才出现生熟拼配的做法。以下针对生茶与熟茶品特征进行解说：

紧压茶品

新制古树茶饼

生饼茶

制程：鲜叶采摘后，经杀青、揉捻、毛茶干燥，即为生散茶。再经紧压成型，成为紧压生茶品。

茶菁颜色：因茶种、生长型态与制程不同，茶菁以青绿、墨绿色为主，有些部分转黄绿、黄红色。

台地茶—茶菁

茶菁香气：通常新制茶饼味道不明显，若经高温则有烘干香甜味。

口感：台地茶口感强烈，苦涩度高。野生茶性弱，茶质厚重甘甜。若经高温干燥，清香水甜而薄，微涩，如绿茶类。因制程关系，有些有焦炭味或烟熏味。

汤色：以黄绿、黄红、金黄色为主。清亮油光为佳。

叶底：新制茶品以绿色、黄绿色为主。活性高，较柔韧有弹性。

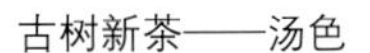
古树新茶——汤色

古树新茶——叶底

天下云茶熟茶饼

熟饼茶

制程：鲜叶采摘后，经杀青、揉捻、毛茶干燥，即为生散茶。生散茶经人工快速后熟发酵、洒水渥堆工序，即为熟散茶（普洱散茶）。再经紧压成型，成为紧压熟茶品。

茶菁颜色：茶菁黑或红褐色，有些芽茶则暗金黄色。

茶菁香气：有浓浓的渥堆味，发酵较轻者有类似龙眼味，发酵较重者有闷湿草席味。

特级熟散茶

特级熟散茶

口感：当发酵度充足时，汤质浓稠水甜而滑口，几乎不苦涩。发酵度较轻者，微酸、尚有回甘，香气明显、口感较重；若没有经过湿仓，陈化后口感容易转微酸。若发酵失败，新茶浸泡后带酸且苦而不化，存放后容易出现不讨喜之酸味。

汤色：发酵度较轻者多为深红色，发酵重者以红黑色为主。另与茶菁级数有关。

叶底：洒水渥堆，而发酵度较轻者叶底红棕色，但不柔韧。发酵重者叶底深

特级熟散茶——汤色

特级熟散茶——叶底

褐色或黑色居多，较硬而易碎。发酵失败者，叶底轻揉即呈糜烂状。

勐海茶厂熟茶特色

熟茶品，坊间传统以国营（有）勐海茶厂为主力销售茶品，最为消费者高度接受，国有厂改制民营后，其他民营厂熟茶工艺更趋成熟。勐海茶厂熟茶品原料，除了勐海本地茶园外，临沧地区也是主要原料供应地。2004年底，勐海茶厂已民营化，交由上市公司入主经营。普洱茶主要标的国有厂即将步入历史，民营后的勐海茶厂将不再左右、独控市场。在勐海茶厂历年所制作的熟茶品中，包装、饼模、拼配、渥堆技术等亦历经多次变革，所以在本文中无法详细记载，仅作一般性特色介绍。

宫廷普洱散茶：

以1、2级芽茶为主之轻发酵熟散茶，茶质并不厚重，在熟茶中属于高单价茶品。

普洱沱茶（甲级）：

依茶菁级数不同，有普洱沱茶与甲级沱茶，使用1—4级茶菁。口感纯甜、滑柔，介于宫廷普洱与7262之间。

7672：

1999年以后所出现之高单价熟茶饼，发酵度较低、汤质柔滑、口感较重。以芽茶铺面，3—6级茶菁为里茶。

宫廷普洱散茶

7262

7572

7572：

最早出现之勐海茶厂熟饼，为国营勐海茶厂主力常规茶品。发酵度较高，新味较不明显，口感滑甜。3—8级茶菁拼配，以5—6级为主。

7592（8592）：

亦为勐海厂主力常规熟饼，出厂价格较低。发酵度较7572轻，口感最重，新茶略带酸苦，然经过多年陈化或入香港茶仓，则成为消费者接受度最高熟茶品。面铺3—6级茶菁，里茶以5—8级为主。

厚纸 8592

7562 砖

2001 年 未入仓之 7582 饼面茶菁

7562：

勐海茶厂主要常规砖茶，发酵度较低，口感稍重。以 3—6 级茶菁混拼不铺面。

仓储的影响

入仓的定义：企图以人工方式改变自然条件，例如增湿、增温、不通风等，以利于茶品快速陈化，降低苦涩度。但储存于一般人可以长期居住之环境，则不属于“入仓”定义。

2001 年，坊间还是以香港与广东湿仓为主，笔者在网络上即不断提倡干净、油亮的干仓茶品，甚至是完全没有经过人工快速陈化仓储的“未入仓茶品”。这一两年来，市场走向，尤其台湾与大陆市场也如笔者预期，完全以新茶与干净茶品为主。但有一点需注意，笔者所谈论的干净未入仓，是指生茶品；以个人观点，熟茶品因为已经以人工渥堆发酵，多数活性物质都已转化，如果往后储存陈化没有增湿增温，熟茶品在短时间内香气口感很难再有明显改变。

2001 年　未入仓之 7582 叶底

2001 年　未入仓之 7582 茶汤

以目前人工快速陈化的茶仓，不同于自然环境，增湿、增温、不通风等，最具代表性的就是香港与广东茶仓。香港茶仓因为长期储存老茶品，加上经验累积，所陈放出来的茶品别具风味，可以说具有市场的区别性、无可取代的地位。广东茶仓为近十年来后起之秀，目前较好的茶仓是以低温、低湿、不通风的概念，藉由新茶本身湿度在不通风的环境下加以后发酵，不同于香港茶仓的老仓陈味。

生茶品经过快速陈化入湿仓处理，其优点在于能立即将苦涩度降低、汤色转红、滑口带甜。而熟茶则能将渥堆味（新味）快速去掉，汤质滑润，出现明显陈香。也就是说，两者共通点在于，入仓能将新茶的刺激味快速去除。

然而入仓的负面影响有下列五点：第一，仓储过程耗损大；第二，外观与饼面油光消失；第三，仓味永远不会消失；第四，同一批茶，香气、口感、品相差异大；第五，与未入仓茶对冲斗茶，其仓味窜鼻而难受，口感香气丧失。而低温低湿广

入仓的红印铁饼

入仓的红印铁饼茶汤

入仓的翻压茶

东仓的缺点在于：第一，没有香港老茶陈香；第二，由于部分防空洞过于潮湿或地面整理不佳，土味明显。

仓储与香气

香气与口感属于个人感受，一般很难以文字形容。以下所形容陈述，为普洱专书或坊间为表达共通感受而形容的仓储后的香气，在此笔者以个人观点稍作整理说明。

1984 年　小绿印　美术飞 7542 青饼　香气为典型香港仓储的樟香

樟香：多是入过香港微湿仓之生茶，以青壮叶茶菁居多，如 7542、8582。一般老叶、芽叶，以及未入仓茶品很难出现所谓樟香。

兰香：经过湿度较高之香港仓储的生茶品退完仓后才会产生，通常为细嫩茶菁生饼所特有香气，例如 7532。

荷香：需一定年份以上，轻度入仓之轻发酵芽叶熟散茶特有香气，有如干荷叶香，如白针金莲。

枣香：轻发酵之熟老叶，有年份之未入仓茶，或是轻度入仓茶品。有红枣香与熟枣香之分，如 7581、枣香砖。

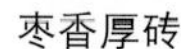
枣香厚砖

厚纸　8592

香：入湿仓较重之青壮叶熟茶，或轻度湿仓之老熟茶，然二者香气差异大，主要香气来源为茶叶木质化香气，如8592、7562。

市场趋势与价值观

普洱茶，在整个中国大陆茶品消费市场应不到5%。近年大陆经济不断发展，休闲性消费意识也随之高涨；茶，就成为所谓健康休闲的首选。而普洱茶消费快速增长的原因，主要有六点：第一，台湾香港经验；第二，茶质厚重；第三，无农药化肥的健康诉求；第四，可长期储存，不劣变；第五，价格相对低廉；第六，投资增值的诱惑。

就目前市场状况，消费族群通常喝老茶熟茶，储存新茶生茶。这导因于口感好恶与心理预期相左，多数消费者都已经认识到，生茶经过储存口感会陈化，且只有生茶才有增值空间，熟茶陈化不明显、数量多但增值空间不大。所以，三四年的熟茶是主要消耗品，而新制生茶成为收藏品。然而，会发生如此脱节的状况还有另一主因，绝大多数茶商都无法指导消费者如何冲泡与品饮新制生茶。以目前优质古树茶品作比喻，如果能如绿茶与铁观音有一完整冲泡方法，在质量与口感上，普洱古树茶品的香气口感又在所有茶品之上，加上价格相对低廉，生茶市场的发展潜力无穷！

如上分析，普洱茶市场目前仍以新熟茶为主流，此趋势随着中国大陆与国外市场不断扩增，数量上仍会不断增加。然而，因为信息传递的加速，加上消费者对食品卫生的要求、投资增值的期望，在比例上，生茶与未入仓茶更会以倍增的速度增长，未来市场占有率将超越熟茶与入仓茶。

个人观点

笔者个人对“熟茶”与“入仓”的关系，以比较简单的言词陈述如下：在卫生健康的前提下，仓储熟茶的环境，若适度提高温湿度，更能展现其特殊香气与滑柔口感之特色。

香港老茶仓拥有特殊陈茶香，直接渗入茶品内，此即香港仓无可取代之特点。另外，高温、高湿、不通风亦能将茶叶内含物质更快速转变，甚至木质化，进而产生其特有香气。所以，适当入仓不致使茶品碳化、霉变，产生有害人体健康的物质，只要在消费者能接受的香气口感下，“适度入仓”是熟茶的一个好选择，甚至较未入仓熟茶更具特色。

2010 年 玉韵雅月

结　语

熟茶，为20世纪60—70年代普洱茶历史性的转变。许多现代医学研究证明，熟茶与生茶一样具有对人体健康的正面成效，但仍不能取代传统滇青普洱茶的历史地位。熟茶只代表普洱茶在当时的时空历史背景下所衍生的新观念、新制程、新方向，而不是代表所有的普洱茶！

以往国营（有）勐海茶厂渥堆技术无可取代，也代表市场。但在民营化之后，所有老员工四散，技术随之在各民营厂扎根发扬，加上民营勐海茶厂在选择茶菁上已无以往之坚持，并在大量使用省外料、廉价料之下，已丧失资深茶人对其质量之信任。

目前最出色民营茶厂的渥堆熟茶，即由老国营（有）勐海茶厂黄安顺先生所在的博友茶厂传承老国营（有）特色，甚至在卫生条件更佳的制作环境下，质量稳定性已超越老国营（有）厂了。在良性竞争下，是否还能在其他茶区制作出比勐海地区更优质的熟茶呢？是否能有新的人工技术让茶品陈化比洒水渥堆更快？新的观念、新的科技、新的经营理念都攸关未来普洱茶制作质量与市场导向。

2010年 经典酽品

06

滇绿与滇青普洱茶的特点及辨识

滇绿普洱茶—滇青普洱茶—二者比较—结语

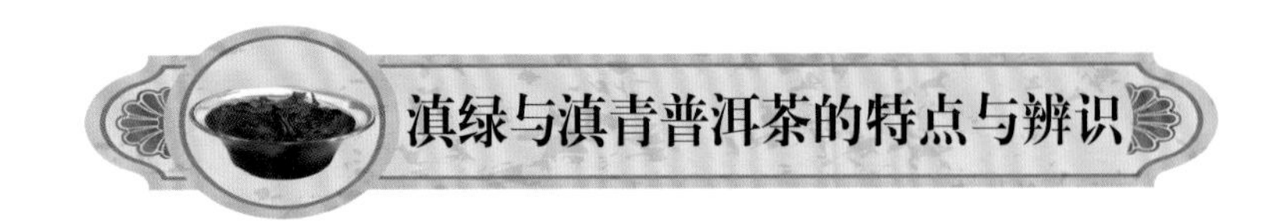

滇绿与滇青普洱茶的特点与辨识

云南主要大叶种产茶区位于北纬 25° 以南的滇南、滇西南地区就产茶区的气候特色而言，属于高原型热带、亚热带气候，四季温差较小、日夜温差大、干湿季分明、垂直变化显著。每年 5 月中旬到 10 月中旬为雨季，11 月到来年 5 月初为旱季。日照充足与特别干燥是每年 3 月至 5 月的气候常态，也是滇青茶在制程中干燥工序最具关键的因素。滇青与烘青绿茶不同之处，除了绿茶使用茶叶级数为较嫩的 1—6 级茶菁外，主要在杀青温度与干燥方式为日晒或烘干，也即温、湿度与时间掌控各异。当然，滇青经日晒所产生的“太阳味”是无可取代的特色。

当前普洱茶为消费者所认同与重视，但许多厂家为求快速生产，而以高温杀青、高温毛茶干燥、高温成品干燥这类绿茶制程引用于普洱茶品；清香、不苦涩为其特色，但却丧失传统普洱茶能常存久放且越陈越香醇、茶质厚实的特点。笔者在

清晨云雾的茶山

境外茶种叶底　从叶脉的状况可大概分辨茶的品种

2003 年首次提出滇绿与滇青普洱茶的概念，主要是目的在于让消费者进一步了解区别目前市场上所大量出现的这类适合立即饮用、不宜久藏的茶品。2005 年普洱茶风潮开始，即有大量四川、贵州等中国小叶茶类的烘青料进入云南，尤以当时改制民营的两大厂为盛。

滇绿普洱茶

绿茶的界定，在笔者个人认为必须包含两种高温制程：一为杀青，二为干燥。目前云南省绿茶杀青工艺分锅炒与滚筒式杀青，还有蒸青绿茶（烘青、炒青与晒青是指干燥方式），而干燥方式则以手拉百叶式烘干机与阶梯式烘干机两种来处理高温烘干。绿茶以锅炒或滚筒式杀青，温度都在 210℃—240℃之间，全程约 6—8 分钟；而在雨季时，鲜叶过于潮湿杀青不易，温度与时间更可能高于此标准。鲜叶杀青完成，叶色由鲜绿转为青绿，一般失重约 35%—40%。杀青完后，将茶叶摊晾后进行揉捻。现代制程均以机械操作，揉捻后再以人工将成团茶胚解块，且将特

碧螺春干燥机

别粗大的茶菁进行复揉，而后进行毛茶干燥。

绿茶高温干燥的目的，在于降低水分以抑制茶叶中酶的活性，有效保存茶叶内含物质，并藉以提升绿茶的香气，因此绿茶的干燥制程的关键在快速高温。一般滇绿的干燥温度约为90℃—130℃之间，依当时鲜叶（水分、茶菁级数）与气候状态分两次完成。国营（有）厂制绿茶，水分含量在7%以下，香气足，以手指搓揉茶菁易碎成粉末状，即达一般标准。

所谓“滇绿普洱茶”，意指现代使用高温烘青或炒青绿茶所压制而成的紧压茶。云南当地目前多使用滚筒式烘青，锅炒式杀青已较少见。上述高温烘青、毛茶高温干燥制程的成品称为烘青毛茶，如果再加上紧压过后仍以烘房高温干燥，或干燥时间过久，就成为标准的滇绿普洱。以目前多数茶厂的烘房来说，依位置不同或设备不同，温度多在45℃—60℃之间，而一些较具规模的私人厂为求时效与香甜口感，烘房温度甚至可能高于60℃以上。

杀青温度过高导致酶完全停止作用，加上新制品含水量低于9%甚至7%，在长时间存放与空气接触过后，茶品反潮会让高温制成的茶品快速由清香转为闷味、霉味，出现类似绿茶的吸湿受潮劣变而不是转后发酵。新制滇绿普洱茶菁浅绿或

女儿环绿茶

青绿色、汤色黄绿清香，但一两年后通常汤色变浊、香气减低、口感变薄而较不回甘，无法出现晒青茶越陈越香的特色。有一些陈放多年的生饼，虽未入过湿仓，但饮之无香无味、寡薄，其可能与上述状况有关。

滇青普洱茶

云南传统滇青制法，鲜叶采摘下来后，一般还要经过静置或风干萎凋，以利于后续杀青温度与时间控制；甚至有些只经过日光萎凋，而没有杀青制程，直接进行手工揉捻；然，这些传统制法现代已不多见，亦不见得属于优良制程与观念。

现代滇青的杀青温度，无论锅炒或滚筒式，锅内壁温度应该在 180℃上下，全程 6—12 分钟左右，温度与时间都较滇绿为少。雨季时，鲜叶过于潮湿杀青不易，过与不及都容易导致杀青不透或发酵度过高、香气不足、薄汤或苦涩不化等现象。较具规模的厂方，在雨季制茶时，通常会以热风萎凋。完成后，叶色由鲜绿转为

传统滇青制法

改良后的杀青锅

深绿或墨绿。杀青完后，仍是将茶叶摊晾，准备进行揉捻。传统式或现代一些少数民族以手工进行揉茶，且依茶菁粗细，分粗揉与复揉两次，尤其针对梗枝部分特别着重二次复揉。现代揉捻制程与滇绿相同，均以机械代工，而后再人工处理。

晒青茶在揉捻完之后，直接均摊在竹席或水泥晒场，以日晒干燥，晒干过程翻拌2—3次，日晒加热辐射，一般不会超过40℃。传统晒青有一特别注意的地方，通常在早上10点左右会完成采摘、杀青与揉捻，到10点左右开始进行日晒至下午4点左右结束，依晒茶量与气候而定。如果干燥不完全，将会使茶菁过度发酵，甚至可能出现发霉现象。若是下午采摘的鲜叶，完成杀青、揉捻后，静置至隔日清晨再日晒，将产生制前发酵，使茶品茶汤较甜、无青味，另有一番风味。干燥完全的滇青毛茶，色墨绿或深绿，叶身较薄者为略带黄绿色。

所谓滇青普洱茶，意指滇青毛茶制成的紧压茶。将青毛茶置蒸筒之中，以蒸气蒸软后压制，紧压摊晾后，解外套棉布。传统干燥方式有两种，一为自然阴干2—3天，或是正反面日晒两小时后，再阴干一天。但在自然环境存放后，水分含量随环境水分增减而自然调整。笔者的经验，在台湾南部的环境下，水分含量渐增至12%左右，却无损茶质。

有几个制程中所发生的现象必须注意，杀青温度过高会影响滇青

少数民族自制晒青毛茶

茶质，但杀青温度过低，也会让茶菁发酵度过高，成为轻发酵茶。同样，晒青毛茶干燥不足，或是紧压成品干燥不足，也会导致茶品轻发酵，甚至造成发霉现象。由此可知，任一环节出了差错都可能让茶品出现意想不到的任何结果。

笔者参访云南某国营（有）厂时发现，虽然杀青与毛茶干燥均遵照传统采用低温，但紧压生茶成品在烈日下连续曝晒两日，无论为古树茶菁或茶园茶，其香气特异，汤色红黄，而口感非常平顺清淡，厂长说明此为少数民族传统制法。目前坊间不少私人茶号均于此厂订制，后续陈放变化个人并不看好。

二者比较

以下为完全高温滇绿制程（杀青、毛茶干燥、成品干燥）与滇青普洱茶，在新制茶时与一两年后可能变化之比较：

茶菁颜色

滇绿普洱从外观上来看，因为快速高温导致发酵度低，通常会出现青绿或鲜绿色。但过一两年后，茶菁会无光泽；如果湿度稍高，茶菁立即转红，但仍不清亮。

滇青普洱的颜色，如果叶身厚，会是墨绿色；如果叶身较薄，则为深绿色或绿黄色。若茶质佳，一两年后茶菁开始微亮。

茶菁香气

滇绿普洱清香略带甜味。一两年后，香气快速下降，且出现杂味、闷味，类似一般绿茶劣变现象。

滇青普洱则略有青味，一两年后的变化不大，香气稍明显。

杀青揉捻完准备干燥的毛茶

汤色香气

滇绿普洱为绿色或绿黄色，入口香气清甜。一两年后，汤色混浊，而入口香气变成类似入仓的淡淡闷味。

滇青普洱普遍为黄绿色或黄红色，新制茶因含水量高，所以汤色反较滇绿不清亮，有青味或青草味。一两年后，水气散发、汤色转为清亮，清味或青草味较不明显。

汤质口感

滇绿普洱虽清爽但汤质薄水，清甜但泡水相对较短。一两年后，汤浊而不清爽，闷而滋味差。

滇青普洱质感浓烈、苦涩度高，有时因茶种关系，会有难以转化现象。一两年后，口感变化不大，苦涩难化、能回甘。

叶　底

滇绿普洱叶底多为鲜绿黄色。一两年后快速转黄稍红，若稍不通风，立即转成

景迈有机古树茶茶汤

红色，但韧性差。

滇青普洱叶底多为黄绿色，或深绿色，韧性佳。一两年后无明显变化。在台湾南部仓储条件下，台地、茶园茶三四年间为沉默期，每七年为转变周期。

一些比较特殊的状况

标准滇绿普洱为完整三个高温制程所产生；但如果只出现一个或两个高温制程，会有何种状况？或是说，在何种状况下无法辨识滇青或滇绿普洱茶？以笔者个人研究与经验，做以下的整理与判断：

少数民族用来炒茶的天然木铲

（1）高温制程三者其一：只发生高温杀青影响最大，虽然茶汤不容易变浊，但茶质会降低很多，外观不容易判断，而汤质薄水。以高温处理毛茶与成品干燥，只要不是很离谱的状况下，只其一，会让茶质稍微减弱，茶汤在第二年会稍微变浊，第四年以后汤色也会回复。

（2）高温制程三者其二：已经趋近于滇绿。目前市面上最容易发生的，就是低温杀青，其余二者偏高温；此类茶通常茶质还能保持一定水平，但第二年开始茶面会出现不清亮现象，口感与汤水变浊，时间越久茶质下降速度越快。其他两种情形，都是高温杀青后，其一制程低温；如此对茶质的破坏比上述情形更大，这两种状况只是差别在茶质劣变时间的长短罢了，无须多作冗述。

（3）只要经过人工快速陈化的储仓，无论是高温高湿、高温低湿、低温高湿或者是低温低湿不通风等环境，经过意图改变自然陈化的任何方式，都将导致无法辨识滇青或是滇绿的制法。

一日，参观另一国有厂后，完整了解其普洱茶制程后，很纳闷地思考着。210℃—240℃高温杀青、100℃—130℃高温干燥毛茶，以35℃ –45℃较低温烘房干燥紧压成品，偶而天气十分干燥时才采用自然阴干。十几年来，此厂的茶品多为如此工序，在此国有厂茶品中，已经多年嗅不到晒青茶特有的“太阳味”；此

制茶厂与茶园

类茶，笔者总主观认为，往后两三年的变化在未定之天，难以掌控，成为优质好茶的几率大减。

结　语

云南大叶种烘青与炒青绿茶在20世纪50—60年代就开始小量生产，没有供应市场。当时都制成散茶，主要是自饮或馈赠亲友。也有因久雨不停，茶叶无法干燥，使用烘干方式防止茶叶霉变的。现代云南茶叶学界与业界所共同的目标，均是希望新制茶品能香甜可口，立即畅饮，如此才能获得市场竞争优势。对于传统茶种、传统制法所制成的滇青普洱苦涩度高，并不青睐。很巧合的是，这两三年云南普洱茶与近十几年来台湾绿茶趋势十分类似，无论是茶种改良走向清香不苦涩，或是改进制作工序，让香气口感变成清甜而质轻的滇绿制法，这的确是令传统滇青普洱茶爱好者所忧虑之处。而近年古树茶特有较低的刺激性，香甜韵深、茶质厚重，虽能符合消费者喜好，但原料价格过高，这也导致不良茶商以较低价的台地茶经高温制程、轻揉捻、轻发酵等手法制造假茶欺骗消费者，是目前市场问题。

笔者撰写此文并非数落现代观念与科技的不是，将新制茶品能立即上市品饮，让消费者多一个选择，这也为云南普洱茶开创另一条新路；况且，云南当地滇绿价格比滇青价格高上许多。笔者个人希望，普洱茶品在创新之时，盼能兼顾与保留传统工艺，尽量在现实与“期待中的理想”间取得平衡，不要让两千年来普洱茶能长存久放的特性永远消失在我们这一代。

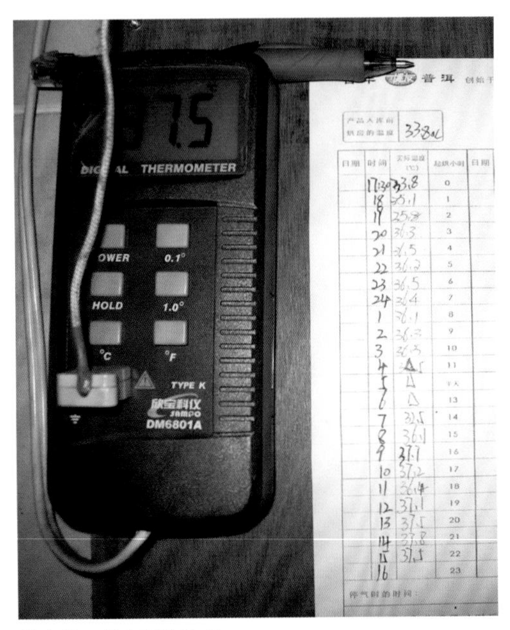

博友茶厂烘房温度监控

07

如何选购新制生饼

辨识生茶与熟茶—茶区—品种—茶菁辨识—饼模与紧压度—茶汤—香气口感—叶底—结语—后语

如何选购新制生饼

茶，在健康的前提下，没有真假与优劣之分。品茗，属于十分个性化的休闲活动。尤其普洱茶除了品茗以外，尚有其他外围附属价值与乐趣，口感享受只是其中之一。从外包纸与内飞的纸质、印刷、版模设计的欣赏，各个年代饼模的变化、茶菁拼配选择及制程与历史文化背景相关；最主要的——越陈越醇厚，茶品不容易劣变，便于储存收藏。这也是在台湾除台茶之外，普洱茶能一枝独秀区别于其他茶种的主因。

优质普洱茶的界定，除了确认云南阿萨姆种（大叶茶类）、晒青制程外，个人香气口感的好恶，以及经济能力允许下，还有当时购买的需求目的。笔者在此针对一年内的新制生茶饼特色进行分析，以消费取向作一区分：一为立即尝鲜，不储存；二为既可以尝鲜，且在五至七年内又能有快速变化者；三为适合长期储

教学品茶会——荒地与古树茶菁

存的茶品。此三者之间并没有明显界线，或因消费者个人口感评鉴差异过大，所以仅作建议参考，而非规格标准。

辨识生茶与熟茶

定　义

简单地说，晒青毛茶经过洒水、喷雾、菌类等人工快速熟化方式的成品，即为普洱熟茶品；反之，晒青毛茶及其紧压制品则为生茶。

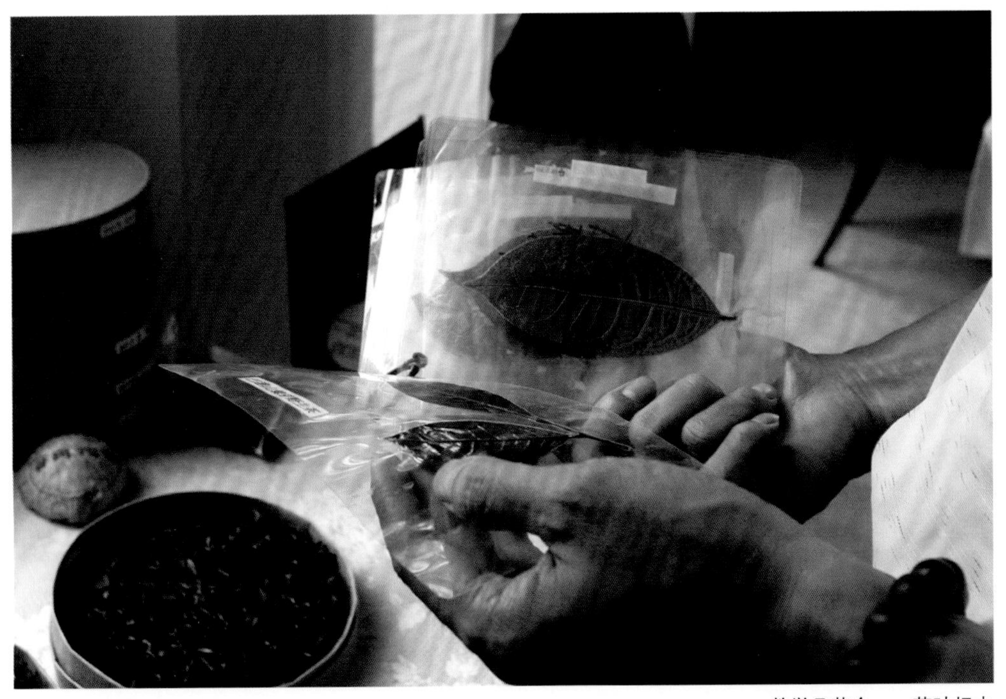

教学品茶会——茶叶标本

辨　识

本节以探讨生茶品适合品尝或是收藏为主题，有必要先将生茶与熟茶分辨出来，以免造成消费者的误解。然有些茶品制程以轻发酵制程，或是因制程失败而自然产生轻发酵，如此茶品易让消费者混淆。此类茶品完全需看经验与实体辨识，很难以文字形容，所以不在此冗述。还有些茶品入湿仓之后，因当初制程发酵不均或拼配老茶菁，或因湿仓潮水不均，叶底有黄红色与黑硬叶底夹杂，常有茶商与消费者误认此为生熟料拼配；在2004年国有厂改制前，并没有生熟料拼配方式，纯粹是信息不足的误判。1999年底，私人茶厂才出现生熟拼配的做法。

以下针对生茶与熟茶品特征进行解说：

生饼茶

制程：鲜叶采摘后，经杀青、揉捻、毛茶干燥，即为生散茶。再经紧压成型，成为紧压生茶品。

茶菁颜色与香气：茶菁以青绿至墨绿色为主，有些部分转黄红色。通常新制茶饼味道不明显，若经高温则有烘干香甜味。

口感：口感强烈，刺激性较高。若经高温，清香水甜而薄，微涩，如台湾绿茶。

汤色：以黄绿、青绿色为主。

叶底：新制茶品以绿色、黄绿色为主。活性高，较柔韧有弹性。

2010年 古树生茶（鑫昀晟）

生茶茶汤

新制生茶叶底与汤色

熟饼茶

2009 年 亦如是——熟茶

制程：鲜叶采摘后，经杀青、揉捻、毛茶干燥，即为生散茶。生散茶经人工快速后熟发酵、洒水渥堆工序，即为熟散茶（普洱散茶）。再经紧压成型，成为紧压熟茶品。

茶菁颜色与香气：茶菁呈黑或红褐色，有些芽茶则为暗金黄色。有浓浓的渥堆味，发酵较轻者有类似龙眼味，发酵较重者有闷湿草席味。近年有降低潮水量、拉长渥堆时间制法，可使渥堆味降低，增加甜味，口感更加接近老生茶。

口感：浓稠水甜，几乎不苦涩，泡水长；若轻发酵技术佳，则有微酸能化、回韵入喉底的极佳表现。若苦味不化，则属于制程失败所引起。

汤色：发酵度较轻者多为深红色，发酵重者以黑色为主。

熟茶汤色

熟茶叶底

叶底：洒水渥堆，而发酵度较轻者叶底红棕色，但较生茶不柔韧。发酵重者叶底为深褐色或以黑色居多，较硬而易碎，不建议饮用。

茶 区

少数民族采摘古树茶

下关茶区

20 世纪 50 年代初到 70 年代末期，下关茶厂在顺宁、缅宁、景谷、佛海等四个茶区的茶菁均有调拨。目前所谓下关茶区为早期顺宁及景谷茶区，也即现今思茅（普洱市）地区北部及保山与临沧地区北部，涵盖保山、昌宁、云县、景东、景谷、墨江、镇沅等县市，此茶区的共通点为高纬度与高海拔，气温低、雨量较少，质重、水甜柔、香气较沉、带微苦、微酸，是此茶区茶菁的特色。

勐海茶区

清代以前普洱茶的集散地以普洱为主，清朝末年普洱茶的制作技术向南传递，由普洱、思茅到倚邦、易武、勐海等地区。至辛亥革命后的最初几年，因种种政

南糯 半坡老寨 800 年古茶树

倚乐古茶树

经因素、交通问题，加之瘟疫肆虐，茶叶的贸易重心完全为勐海地区所取代。20世纪50年代初期勐海茶厂除在本县茶区设站收购毛茶外，还在景洪、勐腊等县设站收购毛茶，但收购量极少，仍以勐海县为主。且从1952年开始，勐海茶厂及所属南糯山分厂开始收购部分鲜叶直接在厂内加工，成为初、精制合一的最早典范。目前勐海茶区涵盖西双版纳地区澜沧江以南的范围，包括景洪、巴达、布朗山、班章、南糯山、勐龙、勐宋、勐遮等地区。纬度与海拔较低，气温稍高、雨量较多，茶性强、香气扬、涩度较高，是此茶区茶菁的主要特色。

古六大茶山茶区

清朝普洱茶极盛时期即以普洱为集散地，所依赖为名的即江北的大山茶，就是所谓的澜沧江以北的江内茶，涵盖当时六大茶山。现今涵盖范围包括易武、基诺山、攸乐、倚邦、江城等茶区。目前易武茶区并无大型制茶厂，然因有古老历史制茶传统与神话，茶区中还有许多栽培型古树茶、野放茶园及栽培茶园，目前坊间仍有大量标榜易武茶区的茶品为消费者所喜爱。此茶区因人工栽培茶园历史悠久，目前尚有许多百年左右之古茶园；也因此之故，许多古茶园变异茶种甚多，在茶种与茶性茶质上的特色较难分辨，只能以地理气候环境造成的特质加以分析。纬度与低海拔最低，气温最高、雨量最多，2003年以前古老原始茶种种类多、茶质厚重、各种茶种香气特异、香广韵深，是此茶区茶菁特色。2003年以后因大量采摘、气候异常，导致优质茶难求；经过2007—2008年市场崩盘过后，茶树得以喘息。

品　种

野生型野生茶

乔木，树姿高挺，成树因无人管理树高多3m以上。茶叶容易变异，在同一茶种中，常有多达四五种变异茶种。嫩叶无毛或少毛，叶缘有稀钝齿，半展未开

之三级芽叶长 5cm—8cm，成叶长可达 10cm—20cm。因叶片革质肥厚，不易揉捻成条索，毛茶颜色多呈墨绿色。主副叶脉粗壮而明显。茶性滑柔而质重，香气深沉而特异，口感刺激性很低，但水甜回甘长且稳定。许多野生型茶菁苦而不化，当地少数民族称之为苦茶，容易导致腹泻，并不适合饮用；以笔者的经验，野生型茶种能适合做茶品者反而较少，多数具有毒性，在不清楚状况下，不建议饮用，有芽孢（越冬鳞片）者风险更大。

栽培型古树茶

乔木，树枝多开展或半开展，树高 1.5m—3m。因有人工管理，茶叶因种生

古茶树

有时产生变异，在同一茶区中，约有两三种变异茶种。嫩叶多银毫，叶缘细锐齿，半展未开之三级芽 3cm—5cm，成叶长可达 6cm—15cm。叶身较野生型稍薄，毛茶颜色多呈深绿或黄绿色。主副叶脉明显。茶性较野生型强烈而质相当，香气较扬，口感较野生型水略薄而刚烈，但相对较多样化，为目前市场高端主流茶品。

野放茶（荒地）

云南许多晒青茶菁来源多属于野放茶，为茶园经栽种后少有人工管理，不洒人工化肥与农药，只稍做锄草与翻土整理。优质茶树龄约五六十年以上，树高约 1.5m—2.0m。茶种因种生而稍有变异，叶质肥厚、色泽较深，香气口感介于栽培型古树茶与茶园茶之间。野放茶的特性，主要在于其兼具野生茶与茶园茶的优点。香气较茶园茶为沉稳，但比古树茶扬香。汤质不若古树茶软水，但较茶园茶甜而绵。喉韵虽不如古树茶内敛，但口感为传统勐海味追随者所认同。优质野放茶质不在

困鹿村旁整理过的荒地茶

一般古树茶之下，消费者不需要有野生茶、古树茶必然优质的迷思。

茶园茶

茶科所茶园

密质性茶园，无性阡插苗与种生苗混生，有施化学肥料与少量农药之人工管理。云南当地学者及制茶业界所认为的好茶种，就是茶叶中内含物质含量高，即氧化与聚合反应基质也高。这与台湾市场以香气口感评鉴其茶质优劣方式明显不同。目前以勐海大叶茶、景谷大白茶、云抗 10 号、云抗 14、云选 9 号、云瑰、矮丰等作为主要推广种植的普洱茶种。一般台地茶园，芽体肥壮多银毫，半展未开三级芽叶 2cm—3cm，成叶达 5cm—10cm。叶缘细锐齿，叶身最薄，毛茶多呈浅绿、黄绿色。越原始茶种，叶脉越明显，茶质也较重。相较前二者，茶园茶的茶性最烈，茶质则多数较薄，香气最扬，口感刺激性也最强，回甘快却留存较短、无喉韵，水薄甜而较不稳定。以现在云南学界业界所认同的茶种改良，朝向香气扬而水轻甜的趋势十分明显。

云抗 10 号

茶菁辨识

级数：茶菁细嫩者较清香，汤水滑甜、偏苦，但口感层次变化少，陈化后汤水较薄。相对较肥壮的，口感厚重，苦涩度高，但陈化后汤水香甜、有多层次变化。

颜色：揉捻正常、茶菁墨绿色者，茶质较为厚重，适合长期陈放。碧绿或黄绿色者茶质较弱，有杀青过度或是干燥温度过高的可能性。三年内新制茶，若茶菁呈黄红色或转红者，已出现过度发酵、汤质酸化、薄水等现象，则不利于后续陈化。

香气：低温制程的新制生茶饼，一两年内茶品并无特殊香味，时常带有杀青时所遗留的烟熏味。若新制茶品有轻甜香味，表示茶品极有可能经过高温制程；若新制茶或一两年茶品有微酸，也是因为杀青温度过高或是干燥温度过高所引起的回潮现象，因而产生酸化劣变，不利于后续陈化。

* 条索以松紧适中、色墨绿、无高香甜味者为佳。

饼模与紧压度

铁模：一般而言，铁模的紧压度较高，相对陈化速度较慢，但茶质较易保存；以中茶牌铁饼为例，茶质重且容易出现花蜜香。与紧压度有关的因素，除了蒸气时间及压力，与茶菁与细嫩度、杀青温度、干燥温度也有关联，不同原因导致其间的差异。但注意紧压过度时，容易出现茶心焦心现象。

20世纪50年代末至60年代　蓝印铁饼

压茶石模、铝瓯与布套

石模：因应不同的需求，石模有不同的形状与重量规格，饼型较古朴而圆润。通常石模压制的饼茶紧压度不较铁模般紧压，相对陈化速度较快，汤质较滑但香气较弱。

* 越紧压，陈化后越容易出现花蜜香、茶质保留度高；较松散者，则陈化较快、汤水滑，香气表现较不明显。

茶 汤

明亮度：原则上汤色必须清亮，而有些新制茶品因为揉茶过度、水分含量较高等因素，都可能导致汤色较浊，此现象经过一年左右就能转为清亮。然，因为高温制程，反而有些茶品新茶时汤色清亮，一两年后反而变浊；此为标准劣变，往后香钝味浊，滋味随即丧失。

颜色：新制茶汤色以黄绿色为主，青绿色多表明有高温制程。若新茶汤色即为黄红色，可能有制前发酵之迹象。

油亮饱满的优质茶汤

＊黄绿色、清亮透彻有油光，是为佳品。

香气口感

香气：上颚、舌面舌下、两颊、咽喉间都可能有香气，依产区与制程差异，会有不同香气与感应位置。尤以吞咽间之香气，且能有层次变化是为上品。

苦涩：苦涩味，代表茶性强烈与否。而苦化甘、涩转甜的转化速度，代表茶种的适用性与制作成败。

甘韵甜质：甘与甜，是令品茶者最回味的部分。若品茶完后三至五分钟后，仍有喉头与两颊的回韵甘甜，是为茶质厚重之佳品。

＊香气饱满、苦涩快速转化为甘甜，二者都相当持久耐泡，且于口腔内转变有层次感。

叶　底

柔韧度：柔韧性佳、叶面有光泽。揉压即破，与天候、杀青、闷捂等有关。色差较多者，可能为发酵不均或拼配的茶品。

枝梗碎末：杂质多者，不利于稳定冲泡，口感较差，甚至影响后续陈化。

＊叶面光泽油亮、柔韧度佳，枝末等杂质少者为佳。

古树生茶叶底

结　语

普洱茶的陈化，茶区、茶种、制程、包装、储存等因素，都会影响茶品的香气与口感，甚至改变其外观、汤色与叶底。所以笔者以上所陈述的，只是针对一般性概论，不能一以概之，许多现象还需要消费者依照自己经验去判断。

茶品除了健康需求外，没有好坏与对错，全凭消费者个人感受与需求。原则上来说，一年内新制生茶饼，适合立即品饮的茶，通常如一般绿茶般清香而不刺激，汤水较清而薄；而适合长存久放的茶品，则口感较为浓烈，茶汤有胶质感、饱满感，回甘足而韵长。笔者提出上述之通论，应可作为多数消费者选择的基础，但绝不是唯一标准，还有许多弹性空间，消费者可依自己的喜好再做调整。

后　语

此篇文章完成于 2003 年底，在 2010 年的今天许多观念与用词都需要商榷，但为保留当年撰写之原始精神，于今不做太大幅度修订。读者可至相关媒体参考个人文章，理解笔者为何自 2001 年以来在网络发表文章以来不断修正自己信息成长。

茶花

08

普洱茶年份与断代

有关普洱茶书籍—普洱茶厂年份断代—勐海茶厂—下关茶厂—年代厘清—补叙—普洱茶年份辨识—结语

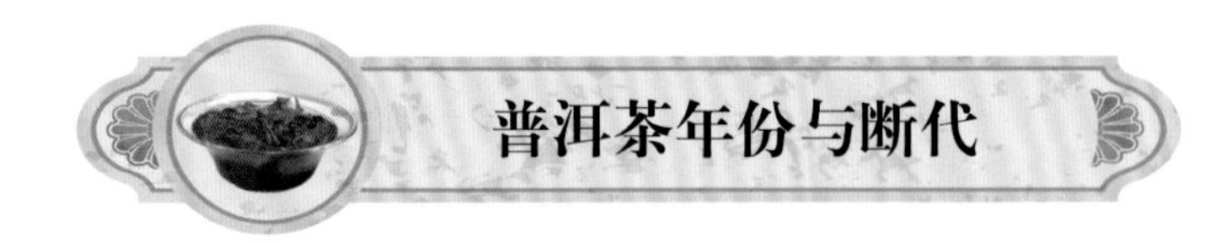

普洱茶年份与断代

年份与入仓一直是普洱茶为人所质疑与诟病之罩门。进入湿仓三年当十年卖，十多年的入仓茶就冠上20世纪六七十年代，二十几年的七子饼茶也能说成20世纪60年代茶品；年份倍数灌水，藉以哄抬价格，而消费者在不知所以、无法求证的情形下，却只能盲从。事实上对于老茶而言，茶商根本不用惧怕普洱茶真实年份曝光，因为价格由市场供需决定，如果茶的质量好、供不应求，就算年份被证实少了十年二十年，也无碍其价值。以73青饼（73小绿印）为例，最早坊间都称为1973年制，直至2003年笔者针对横式大票起始年份在网络上讨论，而73青饼（73小绿印）大票一般所见均为横式大票7542-503或506，也就是1985年还有生产；这讯息的公开，并没有让73青饼（73小绿印）价格大幅滑落，每年价格依旧一路飙升。但让消费者最疑虑的，就是茶商以仿品造假，厂家、原料信息、年份都不对等，被欺骗的感觉难以忍受。

从这个角度来看，茶商与收藏家都属于站在业界的第一线，深切影响普洱茶文化推广，以及市场供需与平衡，所以均应以最严谨、如治学态度般实事求是，探讨普洱茶的历史与文化背景，而不只是道听途说、以讹传讹，或茶商单纯以商业手法来吹嘘年份，藉以哄抬价格获取不当利益。而单纯的消费者，只需找一个诚信、专业的茶商，依自己的经济能力与口感来选择适当的茶品即可，不必费太大的心思深入研究。本书针对普洱茶的年份来做探讨，尤其针对云南七子饼

20世纪80年代　73青饼（73小绿印）

的部分，让普洱茶年份不再永远是个盲点。

有关普洱茶书籍

许多消费者对于茶的认知，仅只是解渴或社交功能，对于茶文化没有切身性的需求；这也是台湾地区虽然对于茶品的需求量那么大，但却一直无法深耕成为文化一部分的原因。普洱茶亦然，进入台湾地区至少五六十年，但至今无论消费者或茶商却仍然对普洱茶不甚了解，坊间充满的不是文化，而是传说与神话。虽然普洱茶文化非一年半载可以一窥究竟，但是将普洱茶的正确知识传递给消费者，是茶商的责任也是义务。茶商本着职业道德，不断增进职业技能是必要的。

近几年坊间出现过不少介绍普洱茶的专书，但多数根据市场需求，以商业考虑为主；作为有历史价值的参考文献并不多，且在台湾地区更为少见。《云南省茶叶进出口公司志》《云南省下关厂志》《中国普洱茶》《普洱茶文化》，以及《2002年中国普洱茶国际学术研讨会论文集》等虽仍有许多历史论断仍待深入研究，但仍较具文献参考价值。而由台湾地区文字工作者曾志贤所撰述的《方圆之缘》一书，虽介绍茶品不多，较少商业气息，可说是普洱茶文化传承的代表作。《当代普洱茶》与《普洱茶续》文字部分为耿建兴老师所编著，亲自造访茶区与仓储，实事求是，也深具参考价值。而坊间其他普洱茶相关书籍都可当作普洱茶的初学入门，然商业气息太重，消费者切勿按图索骥，仅供参考即可！

普洱茶厂年份断代

在普洱茶的年份里，有几个特殊意义的年代需要去探讨与了解。笔者整理出一些数据，出现的年代意义与坊间所强调的年份多有冲突之处，可让读者加以思考。普洱茶品茗的爱好者中，绝大多数未曾参与或见过这些茶品的制作，就算是云南省国营（有）制茶厂所留下的资料也多是在1980年以后。在这之前的文献多有缺漏，厂志的完成，许多都是依赖老制茶人的记忆以及厂内残篇断简所编撰。现代市场所谈及的普洱茶年份，从百年前到当年新制茶都有，而在1980年以前有多少茶商真正去过云南，且能了解其使用茶菁与制茶工艺？多数普洱茶人都未存在于那些老茶当时在云南制造的时空，年份的真实性如何得知，尤其那些在1956年就已经完全消失的民间私人制茶厂？本书针对市场占有率最高的勐海、下关茶厂的历史文化背景加以陈述讨论，摘录其厂志以及一些国营（有）厂的老茶人的记忆，综合整理出一些较具争议的数据。至于其他厂方之历史或茶品，则稍加着墨，让普洱茶的爱好者参考。

勐海茶厂

1938—1966年

1938年，中华民国政府令中国茶业公司派专员郑鹤春与技师冯绍裘来滇。经调查，云南有发展茶叶事业之经济价值。于当年12月16日，成立云南中国茶叶贸易股份有限公司。1944年改名“云南中国茶叶贸易公司”，此名称沿用至1950年。

1940年创建佛海实验茶厂，由范和钧先生担任厂长。

1941年秋，完成基础厂房，试验生产第一批滇红。“……绿茶销印度78箱，销缅甸56箱，七子饼茶销泰国462担……”

1942年持续建厂，因应第二次世界大战太平洋战役爆发，中茶公司下令所有职员撤退至昆明。职工一周内快速完成建厂任务，但机房通电后隔日立即拆迁。所以当时佛海茶厂应并未制茶，而所生产的紧茶及圆茶并非由厂方自制，而是“扶助茶农茶工自产自销，凡自愿经营紧茶业务的，皆可由我厂出面担保，向当地富

20世纪50年代末—60年代　大字绿印和小字绿印

早期八中茶内飞

滇银行贷款，制成紧茶后，交由我厂验收，合格者由我厂统一运销……”（范和钧先生口述）

1944年一度复业又立即停业，“恢复生产红茶43担，收购当地私商紧茶3268驮”。

1950年，中国茶业公司云南省公司创立，简称“省茶司”。

1951年9月14日，中国茶叶总公司注册“中茶牌”。

1952年，佛海茶厂再次复业。7月19日，中国茶叶总公司通告所属系统内统一启用“中茶牌”。1953年，西双版纳傣族自治州成立，改名为“云南省茶业公司西双版纳制茶厂”。其后，佛海县改称勐海县，茶厂也改名勐海茶厂。

1957年，国营勐海茶厂正式招聘更名后的第一批员工，同时开始紧压生熟茶。

1964年开始渥堆发酵测试（唐庆阳厂长兼任车间主任，黄安顺先生为车间组长），1966年完成基本渥堆工艺，1966年中直至1972年持续生产并未停工，市场所称印级茶即为1957—1972年制作（黄安顺先生口述）。

1964年，省茶司改名为“中国茶叶土产进出口公司云南茶叶分公司”，其间也更改过多次名称。

1972—2004年

1972年6月，省茶叶进出口公司合并省土畜产进出口公司，才正式成立中国土产畜产进出口公司云南茶叶分公司。

1976年，省公司召开全省普洱茶生产会议，要求昆明、勐海、下关三个厂加大生产普洱茶（渥堆熟茶），并决定茶品唛号。勐海茶厂为74、75开头，末尾为2。

1976—1979年，勐海茶厂外销出口多以麻袋与纸箱包装的散茶为主，紧压茶只有7452及7572两种熟茶饼。

1979年以后，外销出口开始出现多样化拼配的茶品唛号，如7542、7532、7582等。

1981—1982年间，省茶司接受香港茶商订单，由勐海茶厂制作一批7572青饼。

1985年，香港南天贸易公司开始向省茶司订制8582青饼，由勐海茶厂制作。茶

20 世纪 80 年代 7532，茶菁、内飞与外包纸

品大票由省公司之直式大票改为各厂方署名之横式大票。1987 年制作完成运抵香港。

1988 年，勐海茶厂“大益牌”商标正式开始启用（李易生副厂长口述），此时期只生产茶砖、小方砖。

1989 年，“大益牌”正式注册（李易生副厂长口述），为勐海茶厂主要之外销品牌。

1990 年，中国茶叶公司通知茶厂停止使用“中茶牌”商标，勐海茶厂与下关茶厂于 1991—1992 年间同时启用“大益牌”与“松鹤牌”商标。

1994 年开始筹备股份制公司化。

1995 年 3 月 22 日，西双版纳勐海茶业有限责任公司正式注册“大益牌”商标。开始生产大益牌七子饼茶。

1996 年，正式改制成立西双版纳勐海茶业有限责任公司。

1999 年，省公司营运不善，茶厂自行大量接受茶商订单，茶品规格包装多样化。

2003 年云梅春茶

2003年底，因民营化改制，在无法被留任的情况下，多数员工人心惶惶。此时出现茶品混乱现象，委外加工、来料加工、大票后三码辨识码未按规定等不正常现象破坏了勐海茶厂30年来的常规。2004年10月25日改制民营，正式结束国有茶厂体制，茶品品牌、质量也出现明显断代。

2004年改制前勐海茶厂各式内飞，20世纪80年代，7532朱砂红内飞

2004年改制前勐海茶厂各式内飞——平出内飞

2004年改制前勐海茶厂各式内飞——粗字体繁体厂内飞

2004年改制前勐海茶厂各式内飞——简体厂内飞

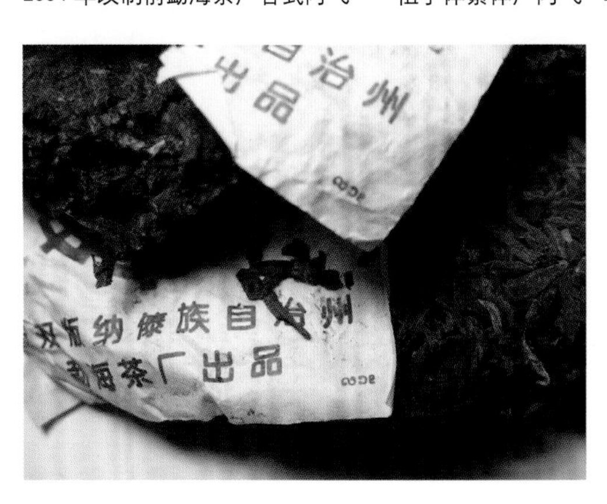

2004年改制前勐海茶厂各式内飞——傣文内飞

下关茶厂

1941年，蒙藏委员会派任桑泽仁与云南中国茶叶贸易股份有限公司（省茶司）商定，共同合资于大理下关创办康藏茶厂，也就是下关茶厂的前身。主要加工紧茶、饼茶销往西藏地区，加工沱茶销往四川。至目前为止，紧茶与沱茶仍然是下关茶厂主要的特色产品。1942年加工的紧茶销往西藏、四川及云南省当地少数民族地区，注册商标为“宝焰牌”。1949年停止生产。1950年改名为“中国茶业公司云南省分公司下关茶厂”，1952年，中国茶叶公司所属系统内统一使用“中茶牌”商标，从此各国营茶厂统一沿用“中茶牌”至今。1955年，下关地区历史悠久的私人制茶商号全部纳入下关茶厂。其间，与勐海茶厂相同，更名多次，1959年又恢复为云南省下关茶厂。1990年晋升为国家二级企业，“宝焰牌”（紧茶、饼茶、方茶）注册商标正式启用，1992年，“松鹤牌”沱茶注册商标正式启用。1994年由云南省下关茶厂、云南省茶叶进出口公司、重庆渝中茶叶公司、云南省下关茶业综合经营公司、下关茶厂职工持股会共同组成云南下关沱茶股份有限公司。1999年，下关茶厂正式更名为云南下关茶厂沱茶（集团）股份有限公司。

1952—1968年

宝焰紧茶

1951年，紧茶统一规格，每个238g，每筒7个，每担30筒。

1952年，中国茶叶公司所属系统内公司统一使用“中茶牌”。下关茶厂开始生产七子饼茶。进入60年代，因原料调拨计划和加工产品的分工，下关茶厂以沱茶与紧茶为主要产品，圆茶只少量生产，多数计划交由勐海茶厂生产。

1953 年，茶厂通过试验，将饼茶揉制由布袋揉成圆型后再用 18 公斤重的铅饼加压的方法，改为铝甑直接蒸压的方法。

1955 年，经省公司批准，紧茶规格由心脏型改为砖型，先生产 10 吨到丽江等地试销，并征求消费者意见。同年，省公司通知茶厂对出口紧茶进行人工后发酵试验。下关茶厂七子饼茶形状由凹型底改为平底。

1956 年按股合并私营茶庄或茶业公司于国营企业，从此结束私商经营茶业的历史。

1958 年试验成功高温快速人工后发酵技术，达到缩短发酵周期、降低成本的效果。

1960 年批准量产 250 克普洱方茶。

1962 年开始生产 125 克沱茶。

1963 年，边销紧茶内包装改用牛皮纸袋、麻绳捆扎，以此取代长期以糯叶包装的方法。

1966 年，紧茶由“宝焰牌”改为“团结牌”；而心脏型不利于机械加工、包装，遂停止生产，1967 年开始生产砖型紧茶，配料与加工工艺不变。

1968 年为配合茶厂定量供应的原因，沱茶重量从原来的 125 克改为 100 克。

中茶简体字

1972—1978 年

1972 年，经省茶叶公司批准，恢复七子饼茶的生产。同年 6 月，省茶叶进出口公司合并省土畜产进出口公司，正式成立中国土产畜产进出口公司云南茶叶分公司。

1973 年，昆明茶厂吸取下关茶厂紧茶渥堆发酵的技术经验，再经高温高湿人工速成的后发酵处理，制成现今的云南普洱茶（熟茶）。

1975 年试制普洱沱茶（熟茶），1976 年批量出口沱茶（7663）专供香港天生行，由该行转销法国市场。

1976 年，省公司召开全省普洱茶生产会议，要求昆明、勐海、下关三个厂加大生产普洱茶（渥堆熟茶），并决定茶品唛号。下关厂为 76 开头，末尾为 3。

1978 年，下关茶厂原本产量不大的圆茶（七子饼茶），因原料调拨困难，省公司将生产计划下达给勐海茶厂加工。

销法小沱（100 克）

1979 年至今

1979 年，香港天生行到下关厂参观，1980 年再偕同法国茶叶批发公司、专栏作家、医学博士等一行人到厂参观。

1983 年，因订单需求，向省公司申请恢复制作七子饼茶，唯量少以供应日本外销订单为主。

1985 年，为解决厂内的野生茶（荒野茶，又称大树、古树茶）出路问题，经抽样送商业部杭州

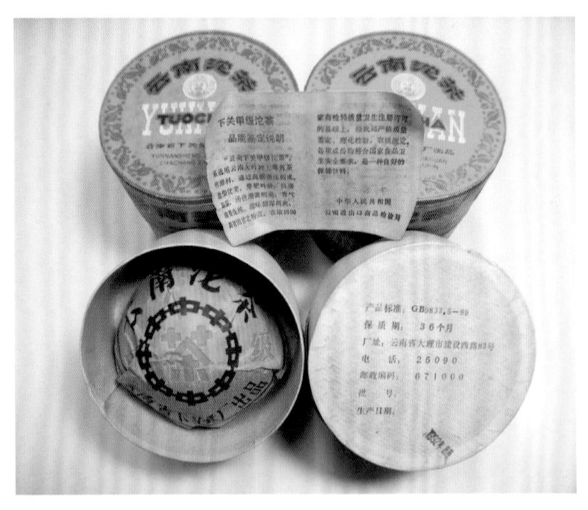

1992 年　下关甲级沱

茶叶加工研究所检测，结果确认属茶科植物，可饮用。

1986年，班禅参观下关茶厂，希望恢复心脏型紧茶的生产，并当场订购500担，由下关茶厂加工后运交青海省政协；而当时亦在省内边销茶区销售一部分，但数量不多。

1988年为解决中档原料过多问题，开始试制加工丙级沱茶。

1988年底，台湾茶艺界一行14人到下关茶厂参观。

1989年，昆明茶厂开发出旅游微型沱茶。下关茶厂于1997年生产3克微型小普洱沱茶，主要出口日本。

1990年11月30日，“宝焰牌”紧茶正式启用。

1992年，“松鹤牌”沱茶（内销）注册商标正式启用。

1993年开始生产“一级沱茶”。

1996年，茶厂决定将厂徽图形作为产品标志，压制在甲级沱茶上，以取代原来压制在甲级沱茶上的“甲”字。

1997年，下关茶厂投资组建云南茶苑投资有限公司，以及大理茶苑旅行分社。

1999年，下关茶厂正式更名为云南下关茶厂沱茶（集团）股份有限公司。此时，下关茶品配方与制程出现重大变化。

2003—2004年确认国有改制民营，出现许多茶品年份混乱、来料加工、大票后三码辨识码未按规定等不正常现象，破坏了下关茶厂多年来的常规。

“松鹤牌”一级沱

大理沱

2001 年 下关 8853

2004 年 4 月改为民营企业，国营（国有）下关茶厂正式走入历史。

年代厘清

依以上史料可综合下列几点：

1．“八中茶”注册时间为 1951 年，所以坊间印级茶最早时间也应在此时期之后。依黄安顺先生说法，他是 1957 年国营勐海茶厂复厂的第一批员工，也就是说国营勐海茶厂于 1957 年才正式复厂，故生产第一批紧压茶品应于 1957 年之后。

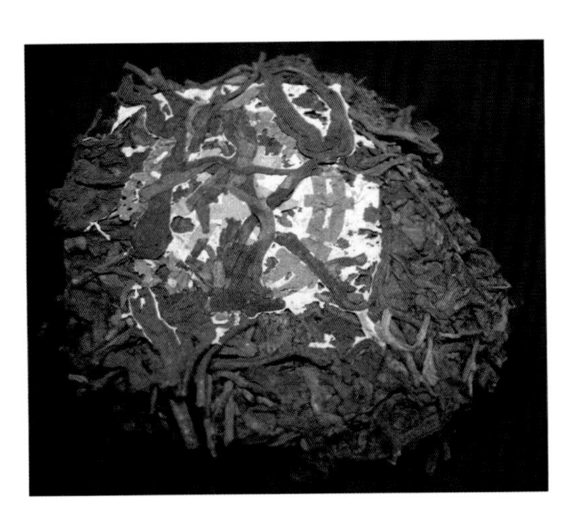
红印的八中内飞与茶菁

2．“云南七子饼”的制作公司——中国土产畜产进出口公司云南省茶叶分公司，通称为“省公司”，成立于 1972 年，也就是说，所有云南七子饼均生产于 1972 年以后。

3．1975 年以后才正式量产与外

销熟茶。

4．1980年以前，外销紧压茶只有7452、7572、7663、7581四种，7542、7532、7472、7582、7682、7653等茶品是1980年以后才生产。而8653、8663、8582、8592等茶品则是1985年以后所生产，也就是，从1985年开始才有署名勐海、下关茶厂的横式大票出现，比如所谓的73青饼（手工盖印、大口中）横式大票为7542-503、506，也在1985年还有生产。

1989—1992年　7542

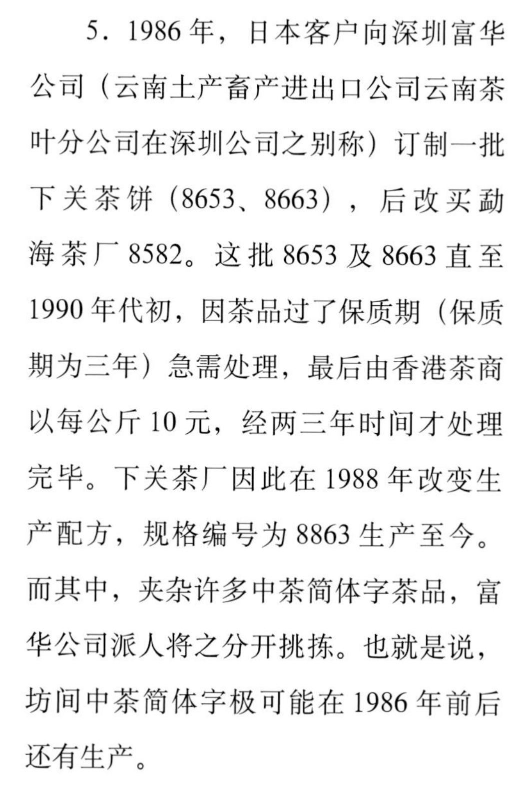

5．1986年，日本客户向深圳富华公司（云南土产畜产进出口公司云南茶叶分公司在深圳公司之别称）订制一批下关茶饼（8653、8663），后改买勐海茶厂8582。这批8653及8663直至1990年代初，因茶品过了保质期（保质期为三年）急需处理，最后由香港茶商以每公斤10元，经两三年时间才处理完毕。下关茶厂因此在1988年改变生产配方，规格编号为8863生产至今。而其中，夹杂许多中茶简体字茶品，富华公司派人将之分开挑拣。也就是说，坊间中茶简体字极可能在1986年前后还有生产。

1986—1987年　下关8653

6．7572为勐海茶厂常规熟茶品。1981—1982年间省公司接受香港茶商订单，由勐海茶厂制作历史上唯一一批

2002年　怒江乔木野生散茶

7572 青饼。

7．1985—1986 年云南学界才将古树茶送杭州质检所送检，业界此后才了解并确认野生茶（古树茶）属茶科植物，可饮用；所以，在此之前使用古树茶制作茶品的机会微乎其微。甚至在 1995 年之后，只有少数人知道“野生茶”名称，1999 年以后才有量产。

8．据勐海茶厂厂方资深高级主管所言，“大益牌”最早使用时间为 1989 年。但与下关茶厂接受省公司通知停止使用“八中茶”，表明另创品牌时期为 1990 年，下关茶厂正式注册启用“松鹤牌”为 1992 年，“大益牌”之起始也应于此时期。

9．新康藏茶厂曾经采用“宝焰牌”商标，1951—1990 年期间，中茶公司统一使用“八中茶”。1990 年重新生产“宝焰牌”，11 月 30 日才正式注册，所以坊间多数“宝焰牌”紧茶生产年份都在此之后。

10．下关茶厂沱茶使用“八中茶”为 1951—1992 年间，1992 年以后注册使用“松鹤牌”商标。1996 年 9 月 1 日开始，取消沱茶凸面上的“甲”字，改用下关茶厂之厂徽。

11．1994 年底勐海茶厂开始筹备股份公司化，于 1996 年才正式成立“西双版纳勐海茶业有限责任公司”，由此说明勐海茶厂改制后所谓“大益牌”相关茶品最早生产时间在 1994 年以后。而坊间通称第一批“紫大益”7542 生茶饼为有限责任公司于 1995 年以后所生产。

2003 年 下关小饼茶外包纸（小铁饼）

2003 年 下关小饼茶（小铁饼） 内飞为下关厂之厂徽

1996 年 紫大益——外包纸张的“益”为紫色．内飞则是红色

补 叙

1．计划经济时代，也就是 20 世纪 90 年代之前，新办茶厂必须经过省方同意。南涧茶厂创办厂长林兴云 1983 年仍在下关茶厂担任党支部副书记（《下关茶厂志》），因故与厂方争执，遂离开下关茶厂，1983 年底创办南涧茶厂。1983—1985 年间生产袋装绿茶。1985—1989 年生产沱茶，1987 年 5 月 10 日注册土林牌凤凰商标，编号第 286510 号，此时间产量非常少，只供应重庆地区，没有交广东、香港。1990—1992 年没有生产沱茶，只交毛料给其他厂方，1993 年底重新生产沱茶，但包装上加盖有“茶叶公司”字体。1994 年将沱茶交广东、香港茶商，2003 年才生产茶饼。

2．1992 年，昆明茶厂停产，1994 年关厂，此后多数昆明茶厂 7581 茶砖，均由下岗技术员或其他私人茶厂以昆明茶厂之名义制作贩卖。

1990 年前后，20 世纪 70 年代后期茶砖

3．以“中国土产畜产进出口公司云南省茶业进出口公司出品”或“云南省茶叶进出口公司”为内飞，从1993年开始制作至今。

4．昌泰茶行于1999年底开始生产第一批易昌号栽培型古树饼茶，2001年于景谷分行生产第一批“昌泰号”。

99“易昌号”部分版本

普洱茶年份辨识

普洱茶的特殊之处，在于它的年份与历史痕迹。普洱茶无须特殊技巧整理茶品（如烘焙），年份与价值有间接关系；而越陈越香多数茶人都已经能体会，能在茶品上留下历史见证，是其他茶品无法做到的！而这一点正是辨识普洱茶年份的一个重要关键。

1．外包纸质与印刷：尽管科技日新月异，每一年代的纸张与印色却无可取代。加上纸张与印色历经时间的风化，其特殊性更加无法仿冒。

2．内飞纸质与印刷：与外包纸质与印刷相同，但更加特殊的是内飞镶嵌在

各式外包纸张

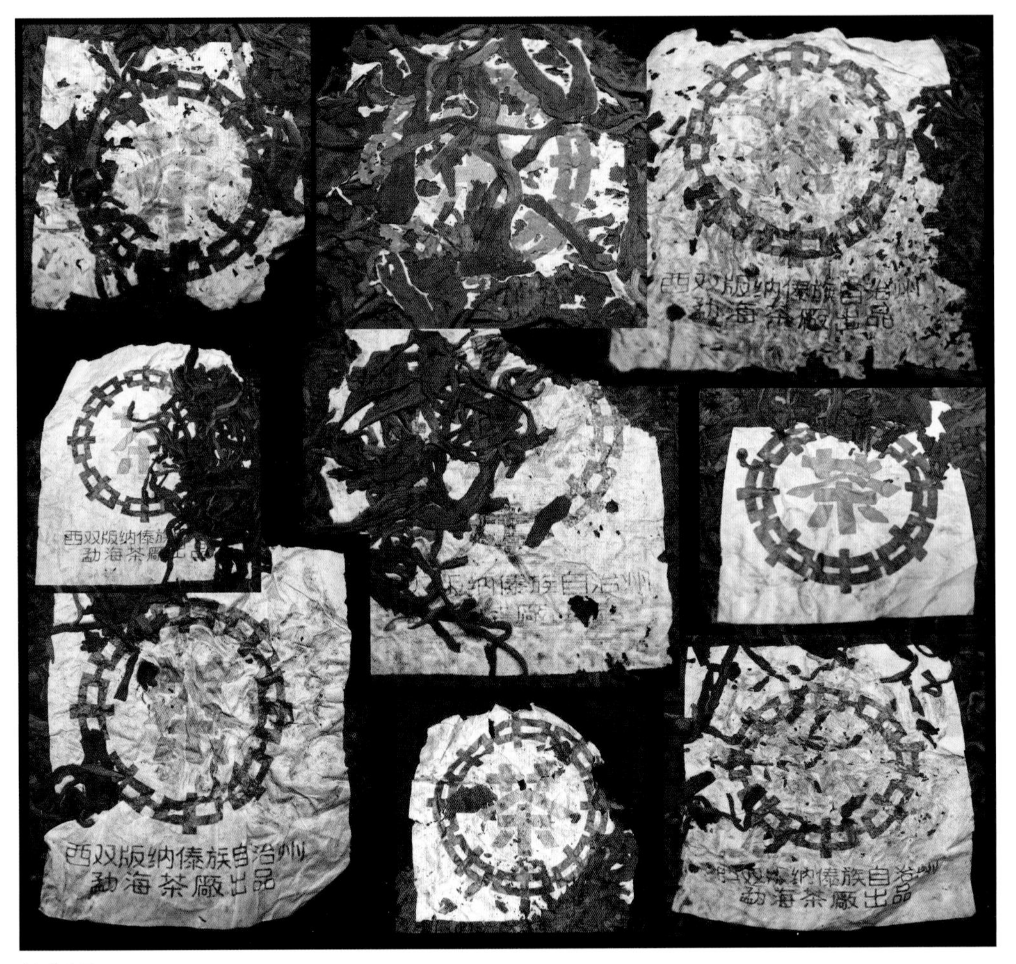

各式内飞

茶品内，在一般情形下不能抽换，这也成为辨识的主要条件之一。

3．模具：石模、铁模、木模等，在每一个年代都有其特殊外观与制程，对茶品陈化也深具影响。此亦为辨识辅助条件。

4．茶菁使用与拼配：每一年代因时代背景不同，会使用不同茶区茶菁与拼配手法，与压制模具综合判断，亦可做辨识的辅助条件。

5．茶菁外观：经过时间陈化，在一定范围内，茶菁外观在不同阶段会有不同的转变，比如色泽、光泽、松紧度，以及触感。此为重要主观条件。

6．茶菁香气：相同的、不同的茶区茶种茶菁与年份陈化，会有不同的茶菁香气，此亦为重要主观条件。

7．汤色：在了解生熟茶与入仓茶的辨识后，汤色的色泽、光泽、透亮度等亦是辨识的辅助条件。

8．叶底：从叶底可以观察茶区茶种、制程、仓储，甚至茶质优劣多少都能作初步判断，加以综合即可判断陈化速度。此为重要经验法则。

9．仓储：从原件、筒身、外装纸外观，与茶干颜色、汤色、叶底、香味等，可辨识仓储环境后来推测年份。比如广东、广西仓储均在1996年以后才出现。将茶品在两广仓储后一段时间，才改放香港仓储的这种手法，则是2001年以后才出现。2001年以后香港传统仓储大量消失，完整传统香港仓储多为2001年以前茶品。

以上是从视觉上作初步判断。茶，还是要品了之后才能了解。从香气在口腔中的位置与留存度、转化方向，加上回甘与韵味的分布情形、层次感，可以判断出茶品的产区茶种，以及储存环境。但因为仓储状态影响陈化甚剧，如果是入仓茶，对年份判断的误差值会偏高。

单独一个或几个角度观点与依据，都无法准确评断茶品整体概况，只从视觉或单纯品茶都很难作出正确判断。

对茶品年份及产区的判断需要时间与经验累积，更需要天赋与坚持。绝大多数的消费者并不需要了解这么多，终究喝茶是休闲、是消遣！只有茶商因为必须对消费者有所交代，不只对年份茶区要有所了解，制程、厂方、储存环境等茶品信息都应该跟消费者明确交代清楚。

结　语

这些历史文献一直都存在着，尤其《云南省茶叶进出口公司志》的初版日期为1993年12月，记载了1938—1990年间云南普洱茶大小纪事；《云南省下关茶厂志》则于2001年2月出版，记载了1941—1998年间的茶事。有许多历史背景配合卸任厂长与技术员，刚好可以彰显出当时的普洱茶品的真确性，而不是只有茶商或坊间口述相传、以讹传讹的所谓见证。

《云南省茶叶进出口公司志》

《云南省下关茶厂志》

从纸张、印刷、饼模、拼配等，能判断出普洱茶大约年份，是少数能记载当时文化背景的茶品。有必要对普洱茶年份加以探讨，但却不尽然与市场价格画上等号。终究，优质普洱茶品除时间以外，还与茶种制程有关；更重要的是，储存环境绝对影响茶品的香气口感。

笔者撰写本书，不是为了打击普洱茶市场，因为现代信息传递非常快速，没有这篇文章的陈述，正确的普洱茶历史文献信息还是会流通开来，笔者只是其中一个推手，将文献信息加以整理并提早曝光。最后给消费者的建议，购买普洱茶品先不论年份或厂方，而应以自己喜好为第一优先选择，以质量及干净与否来作购买的主要依据。

09

精致普洱茶——沱茶

历史与传承—茶菁使用特色—制程—如何选购沱茶—市场优势与缺点

精致普洱茶——沱茶

1986、1987、1993年三次获得世界食品金冠奖，让云南普洱茶扬名于国际的紧压茶为何？最早得以让欧盟及日韩等先进国家认同的养生普洱茶品为何？答案是——“沱茶”。早年，在香港、台湾普洱茶品饮风气还不是相当兴盛的年代，多数茶商所认为的最优质紧压茶品为何？还是“沱茶”。能让古今中外认同为优质茶品，定有其特殊缘由；笔者认为，从历史背景与制程探讨，应能得以窥知一二。

1988年下关甲级沱茶

普洱茶从历史探源，至今近两千年，源远流长。从唐代至明清之前，普洱茶可说是少数民族与一般百姓的日常饮品，对于茶菁选用与制作工序并无刻意之处。直至普洱茶在清朝时上贡朝廷后，茶品就开始注重采摘季节、茶菁选择与制作工序等等；虽然贡品花色众多，到19世纪初普洱茶贡品花色就有八种，即“八色茶”，除了茶膏以外，其余茶品花色的共通点，就是使用细嫩芽叶。喜爱芽毫，是中国人品茗的传统，也是让“沱茶”往后成为古今中外最受喜爱茶品的主要原因。

历史与传承

唐朝樊绰的《蛮书》中提到，当时滇南地区的茶品为“散收，无采造法，以椒姜桂合烹而饮之”。这是叙述云南地区制茶与当时唐朝内地所谓“龙团凤饼”的繁复制程有许多差异，而非表示当地茶叶不经加工。据历史学家考究，唐朝时期，云南制茶虽然许多少数民族只是将茶叶直接日晒而成，但也有某些较先进的做法经过锅炒、手揉及日晒而成的散茶。到了明朝，云南大理感通茶“炒而复曝”，仍然一直沿革晒青茶的制程。而今，多数沱茶因应市场需求及拜现代科技文明之赐，产量大增；然在量产后，为求质量的稳定，制程中许多工艺已无法坚持传统，此乃传统普洱茶爱好者最大的隐忧。

关于沱茶名称的由来，确实的时间与历程，众说纷纭。现代形状的沱茶形成于清朝光绪二十八年（1902），至今已经一百多年的历史；另一考究，则认为成形于 1916 年。以下略述几种目前较为市场接受的说法：其一，是由思茅（普洱）景谷地区所谓“姑娘茶”的小团茶所演变而来，后因畅销四川宜宾沱江一带，故称沱茶。其二，因“沱”与“团”谐音，故名。其三，由明朝“普洱团茶”与清朝的“女儿茶”演变而来。大而圆者称紧团茶，小而圆者称女儿茶。女儿茶为未婚女孩所采摘之雨前茶，即为四两重之小团茶（约 150 克，与后来发展出来的沱茶重量相似）。

1991—2006年　下关甲级沱茶盒装套组一共十七盒

三种沱茶名称由来，都指称与古代之团茶有关。于清朝之时，制茶没有依赖机械等现代科技，却能制作出十斤团茶，且不散不霉，由此可知古代制茶技术之精湛。虽此，团茶仍然很容易因为些许技术上的瑕疵，或是因为气候影响而霉变，所以在历史传承演变上，成为小巧精致化的沱茶，应是型态与规格上转变的关键。

现代云南沱茶因源于下关，故坊间又直称下关沱茶。近代所见到的沱茶，也多出于下关茶厂，为当然之沱茶市场主流，其规格重量以 250 克与 100 克为主。下关茶厂曾于 1962 年生产 125 克规格，1968 年为配合茶厂定量供应的原因，沱茶

1994年外销日本盒装沱茶

重量从原来的125克改为100克。笔者近年在坊间亦发现下关茶厂于1994年定制一批盒装销售日本之甲级沱茶，单品重量为125克×2。这也代表厂方近年亦有根据订单而改变规格之产品。

历史上所使用过的商标有许多种，1947—1951年新康藏茶厂时期，商标为“复兴牌”，1951年中国茶叶总公司统一注册为“中茶牌”，为各国营厂之共同品牌。甲、乙级沱茶至今都有生产，而于1988年为了解决过多中档原料试制丙级沱茶，另外还有外销为主的普洱沱茶、微型沱茶等。1984—1985年为解决省公司春芽茶库存积压400余吨的问题，而加工压制“大理沱茶”交省公司销售。历史上也先后出现过“沧洱沱茶”“大众沱茶”等商标。“中茶牌”于1991年底停止使用，1992年3月起，开始使用“松鹤牌”注册商标，1993年生产内销的一级沱茶，1996年以下关茶厂厂徽图案取代原本加压于甲级沱茶凸面的“甲”字。

下关乙级沱茶

不同模型的微型沱（迷你沱）

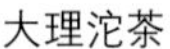
大理沱茶

2001年下关甲级沱茶

从 50 年代开始，云南茶叶进出口公司就刻意将多数沱茶订单专由下关茶厂制作，而勐海茶厂历来以制作云南七子茶饼为主，沱茶产量不高，然其茶菁选用与加工技术亦十分精良。因饼茶所使用的茶菁多为 3—6 级为主，所以勐海茶厂甲级沱茶的茶菁多为厂方三大生态基地茶园（南糯、布朗、巴达）之高档春尖芽茶，产量虽少，质量均高，不让下关沱茶专美于前。在台湾市场，勐海茶厂所生产的沱茶，在市场接受度方面，并不在下关沱茶之下。

近几年随着大陆经济的改革开放，云南普洱茶在港、澳、台地区，甚至日本、韩国、马来西亚都掀起一阵风潮，云南出现许多私人精制茶厂，普洱茶品良莠不齐。此时期普洱市场乱象，与台湾地区普洱市场于 2001 年底崩盘不无相关，但却

1999年勐海沱茶

2000年勐海沱茶

也是转折点的开始。私人茶厂没有悠久的制茶文化，硬设备较差、资金不足、货源供应与质量较不稳定，在各项资源与经验都不如国有厂的情形下，目前市场占有率也相对小了许多。但也因此使私人茶厂相对没有传统之包袱，只要用心经营，便能制作出优质茶品。从未来自由市场经济的角度来观察，私人茶厂的兴起，对整个普洱茶市场有着正面的激励与良性竞争的意义。2004年国有厂改制民营之后，2006—2007年间市场飙涨，随后崩落，一次的起落测试出厂家的理念与品牌成熟度。大益、下关虽仍然是大品牌，但已经成为大路市场货的代名词，优质普洱茶的代表反而是私人茶厂、小作坊，如博友茶厂、观自在茶业、菁峰茶业等等。

茶菁使用特色

清人吴大勋的《滇南见闻录》提到，“夷人管业，采摘烘焙，制成团饼，贩卖客商”。此文献证明，于19世纪以前，普洱茶所有制程全部由茶农完成后，始交茶商贩卖。19世纪初，茶商才开始收购青毛茶，设立作坊，把青毛茶筛分成细嫩的盖面茶和粗老的里茶（包心），也成为现今茶菁级数拼配的原始技术。1950年初期，沱茶为五个茶胚（里茶、二盖、三尖、四尖、撒尖）所拼配，后改为三个，后又简化为里茶与面茶两种，近年仍以三个等级茶菁拼配。现时市场对茶品优劣的评定，除了制程、拼配技术与香气口感外，茶品中是否夹杂碎末、茶菁是否完整也是一大关键。

1955年以前，沱茶所使用的原料都是顶级滇青毛茶，以各优质茶区之“春尖”拼配。1958年茶样价改革后，沱茶原料仍然取各优质茶区高档春茶1—2级为原料。近年，为求质量与数量之稳定，使用筛分与风选作业将不同质量（粗细长短轻重）之茶菁分离出来；较于传统使用人工挑选，效率高与卫生为其优点，但不完整的碎断茶菁的大量出现则成为常态。

2000年勐海沱茶

藏家特制金芽沱茶

相较于一般私人茶厂，国营（有）厂较惯于使用不同季节、年份与茶区之茶菁来拼配。主要目的不外乎稳定每年同唛号之茶品差异，且能够量产。私人茶厂则偏向于单一茶区茶菁。而目前较具规模的私人茶厂制作沱茶，多以完整的芽毫制作，不容易出现过多的枝梗碎末；反倒是有些大厂因为大量生产，为迁就沱茶外观的一致性与质量的稳定性，所使用的茶菁则多经过切断与轧细作业，将粗的切细、长的切短，以成为一定规格的茶条。

在质量与茶菁条索方面，消费市场较偏好叶底的完整性，综观大多数坊间沱茶产品，目前以私人厂沱茶稍具优势。在美观、数量上，当然还是以大厂为上选；而质量上来说，因使用的茶菁差异甚大，所以各有优长，而真正顶级优质茶还是在私人茶厂少量制作之精品。

与其他紧压茶相较，则沱茶茶菁的使用明显细嫩许多。主要原因，除了上述品茶文化与传承外，沱型角度弯曲明显，细嫩茶菁较美观且容易成型，若有粗老叶或枝梗，则容易松脱掉落且外观不讨喜。

制　程

沱茶的制程，基本上与其他紧压茶并无不同。因茶菁重量不同，蒸压与成品

干燥时间自有增减。

采　摘

明清以来，晒青毛茶分级与一般茶品相同，用二十四节气来区分：明前春尖茶（清明前加工）、春尖茶、春中茶、春尾茶、夏茶（农历五六月以后亦称二水茶）、谷花茶。1958 年中国茶叶样价改革以后，废除按生产季节命名的常规，一律按质量分为五级十等。

鲜叶

云南地处大陆型亚热带高原气候区，与江南地理环境气候差异甚大，在当地只区分为旱季、雨季。每年 5 月到 10 月为雨季，此时采茶制茶容易出现许多状况；11 月至来年 4 月为旱季，尤其农历三四月间日照较长、气候干燥，需要依赖长时间日晒的传统云南晒青茶，在此时节制作最为合适。

以最标准的制程，早上采摘鲜叶，中午前完成萎凋杀青，以及揉茶、解块，在太阳下山或起雾前完成毛茶干燥。以此制程，只需要一次日晒即可。但也确见过有少数民族青毛茶制程，下午才采摘鲜叶，萎凋杀青揉茶完成后，太阳已经下山了。所以将未晒干的“半成品”用编织袋收起来，隔天继续日晒。这样就出现一个干燥不足的问题，茶菁持续发酵，此种制程必然成为轻中度发酵茶品。若懂得做好制前发酵，可以选择揉捻完之后均匀摊晾，不使之捂红。所以采摘时间，的确影响整个毛茶质量。

萎凋

在多类茶品中，都有萎凋这道工序，目的在于使鲜叶中多余水分散失，避免因为过多水分而提高不必要的温度，或多或少也出现发酵与氧化作用。普洱茶，萎凋方式有轻微日晒与晾干、热风萎凋三种；以茶园茶而言，因为茶区通常紧邻初制厂，若产量、设备与经验能够配合，茶园茶在萎凋工艺上十分稳定，不容易出现萎凋不均或不当发酵的情形。然古树茶的状况百出，通常主要因为茶区广阔，采摘后集中送到初制厂的距离相当遥远，有时隔天后才送达，如此就容易出现萎凋不均及制前发酵的状况。这就是古树茶的质量不容易掌控的原因之一。

杀青

文献记载，除了直接日晒而成生散茶外，从唐朝开始，现今云南省南部当地居民就有用锅炒杀青，而后以日晒成散茶，这就是沿革至今的晒青茶工艺。目前云南许多少数民族制茶，仍以锅炒杀青；尤其是相对于茶园茶，产量较少的古树茶，都是以锅炒杀青。而拜现代科技之赐，在规模较大的初制厂或精制厂，目前都以滚筒式杀青，在温度方面已经很容易掌控。只是在外型与口感上，有些差异。

在杀青工序上，与云南绿茶（滇绿）最大的不同在于杀青温度。普洱茶锅炒杀青，一般锅内壁温度都不会高于180℃，每次投茶量约2—5公斤左右、

滚筒式杀青机

1988年下关甲级沱茶——油面横纹外包纸

为时约6分钟（依茶菁嫩度）；而滚筒式则可以随意控制，甚至到达250℃以上，投茶量与时间、温度也是依鲜叶状况而定。笔者多次实际参访云南普洱茶制程，以及参考多年的选购与储存茶叶的经验，认为杀青温度最好控制在180℃左右。因为普洱茶为后发酵茶，过于高温将不利于酵素酶的作用，只剩下氧化。温度过高，将导致汤色较绿而水质口感变薄，但如果毛茶与成品干燥低温，茶品仍能保持一定质量。而在雨季制茶，容易使用高温杀青，因为鲜叶湿度高，势必以高温才能将茶叶内高含量的水分去除。虽然，杀青温度过高会影响滇青茶质，但杀青温度不足，也会让茶菁的质量十分不稳定。

揉　茶

少数民族传统揉茶方式是以人工团揉，现在各家初制厂与精制厂都以现代机械的揉茶机揉茶。目前茶园茶因为量产，多数以机器揉茶；而古树茶因为产量少，且多为家庭式农民自制，所以仍维持手工揉茶。两者的差异，在于机械揉茶条索紧结精致且工整；而手工揉茶通常条索较粗糙、细致度不够，整体外观也较不平均。

毛茶干燥

日晒干燥，是晒青茶最主要的特色。其所产生的“太阳味”，是烘干毛茶所无可取代的特点。晒青茶在揉捻完之后，直接均摊在竹席或水泥晒场，以日晒干燥，晒干过程翻拌2—3次，日晒加热辐射，温度一般不可能超过40℃。传统少量

揉捻

晒青有一特别注意的地方，通常在早上10至12点左右会完成采摘、杀青与揉捻，到12点左右开始进行日晒至下午四五点左右结束，依晒茶量与气候而定。如果采摘制程时间不当，导致干燥不完全，将会使茶菁过度发酵，甚至可能出现发霉现象。大量采收原料，采摘、制作时间均较长，甚至萎凋或揉捻后静置发酵时间拉长至8—12小时，与小量制茶有很大差异。

若以机械式干燥毛茶，其温度介于90℃—130℃之间，如此也将水分含量降低至7%，抑制茶叶中酶的活性，虽藉以提升毛茶的香气，但也让普洱茶后发酵的意义阙如。以100℃以上高温干燥之毛茶，如果以散茶型态储存，在一两年内香气扬、汤清而薄，往后会劣变微酸、且无茶质可言。

蒸　压

经过筛分、风选茶菁分级（或人工挑选），再通过称重后，进行蒸压工序。早期，茶菁经过蒸软后，置放于碗型木模中以人力压制成型。1954年开始利用杠杆原理，在板凳上设置沱茶木模具，以人体重量进行压制。1959年改良成铁木结构的“杠杆偏心转压茶机”，1973年试制成“立柱式压茶机”，1977年成功研制“第一代沱茶专用压茶机”，沱茶压制工序正式进入快速量产的时代。

1954年以前，蒸茶使用的是落地土灶、大铁锅，因为蒸气无压力，所以蒸茶时间长、效率差，含水量相对高，茶品也容易发生过度发酵。1956年制造第一批直立式锅炉，往后不断改进，蒸茶时间相对缩短，效率高、质量稳定性增加。现代锅炉蒸压制程，是将青毛茶置于铁瓯之中，以蒸气蒸软后压制，蒸压时间100克沱茶或小方砖约3秒、250克沱或砖茶约5秒、357克饼茶约7秒；紧压摊晾后，解外套棉布进行成品干燥工序。没有使用锅炉、没有加压的传统蒸茶，依茶品的量多寡、茶精细嫩度，100克沱茶蒸压时间大约在30至40多秒，端看制茶者的经验判断。

销法小沱茶(100克)

毛茶干燥

1992年商检下关甲级沱茶

成品干燥

传统干燥方式有三种：第一种为自然阴干 4—5 天；第二种是正反面日晒两小时后，再阴干一天；第三种方式是将成品晾干一天，外包纸与竹壳包装好后，整筒茶品进行日晒一天，将茶饼与竹壳一起干燥。以笔者的经验，成品干燥最好的方式，是在晴天时进行阴干四五天，如此能产生优良的茶品。包覆在竹壳内进行干燥，容易产生“蒸熟”的效应，汤水较柔而滑口、发酵度变高，笔者较不建议使用日晒。以现代烘房能降低风险、增加香气，温度控制得当，质量不在阴干成品之下。

现代精制厂多具备高温烘房，能稳定温度湿度的控制，是为克服雨季以及因应快速量产效率所设计。传统干燥方式为阴干，温度多在二十几摄氏度，而短时

压制沱茶

2001年下关甲级沱

间日晒，温度顶多三十几摄氏度，完成干燥需要4—5日，以要求效率的现代产业来说，旷日费时。目前许多精制厂的烘房，依位置或设备不同，温度多在45℃—60℃之间，甚至可能高于60℃，成品干燥依茶品重量数量，干燥时间不同，但多只需几小时就完成。但最好的温度控制，则是干燥温度在40℃以下。

高温干燥，将茶品含水量降低至9%以下甚至7%以下，初期会使茶品出现高温香气，汤水清甜而淡。但相对于自然环境的相对湿度平均在70%以上，茶品置放于一般环境中很容易回潮，产生劣变、霉变现象，一两年后汤色变浊，约四五年后茶香滋味全无。此类高温制茶如绿茶般，适合立即品饮；有些部分制程并未出现异常高温的茶品，不会产生劣变，但没有晒青茶浓烈香醇的特色。

刚压制成型的沱茶

1999年　勐海沱茶

如何选购沱茶

香气口感与陈化特征

相较于其他紧压茶，沱茶使用的茶菁较细嫩、紧压度略高。若以相同之茶区、茶种、茶树生长型态与制程，在以上共同条件下来作分析讨论沱茶的香气口感与其他紧压茶的差异性，沱茶茶菁细嫩，相较于饼茶所使用的青壮叶，其质感较细腻、香扬，苦涩味都较不明显，汤水较短、甜而薄、层次变化少、黏稠感不明显。

其陈化特征，因为较为紧压、接触空气面少，在没有入仓的状态下，茶菁出现油光、沱身松开的时间都略较饼茶慢，香气口感的转化相对稍慢。但也因为紧压，以至于在稍有湿度的情形下（轻微入仓），与“中茶牌”铁饼相同，容易出现类似花香的口感。这也成为喜爱沱茶之人，除了形状与口感外，最主要的原因。

第一批绿大树沱茶

如何选购

从外观辨识，以新制、没有入仓的沱茶而言，色泽不要过于杂沓，以墨绿色为优，

芽毫显露、茶菁肥壮，没有枝梗碎末、紧压适中为佳。由汤色观察，金黄色尤优质，避免出现碧绿色或是暗红色。叶底以完整为佳，过多碎末枝梗不仅外观不佳、冲泡不易控制，也将影响后续陈化。叶底也须柔韧有弹性，避免有糜烂之叶底。

入过仓的沱茶，外观色泽最好也能保持干净油亮，叶底仍保持柔韧，汤色虽深红但为清亮。因为沱茶紧压度高，所以时常出现外观干净，但内部仍满布白霜，这也是选购时应注意的事项。另外，若茶菁十分干净，但却出现异常红变，且外观与内部茶菁颜色差异甚大，也应避免选购。

1988年下关甲级沱茶

1999年勐海沱茶

1992年商检下关甲级沱茶的品质鉴定说明

冲泡要点

沱茶因为紧压、使用茶菁较为细嫩，冲泡时茶叶延展性会较明显，所以置茶量要比一般青壮叶压制的饼茶或砖茶为少。水温稍低，浸泡时间稍短。

若品茗新制未入仓茶，使用盖杯或瓷器类，也是不错的选择，凸显出其香气特色。若冲泡老沱茶、入仓沱茶，仍建议以紫砂壶为佳，扁腹、宽口有利于温度散发与茶叶伸展。

历史上，因为使用茶菁细嫩，加上形状小巧可爱，又有圆满吉祥之意，所以早年中国人将团茶、沱茶视为品饮与馈赠之高级茶品。目前港澳台地区与大陆普

微型沱(迷你沱)

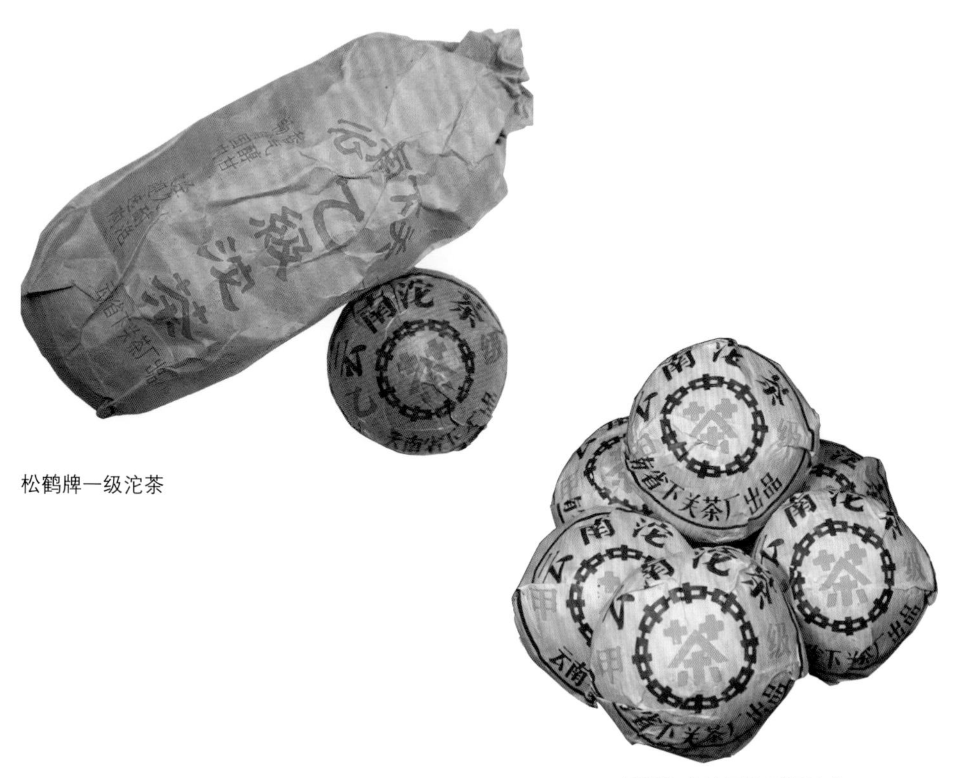

松鹤牌一级沱茶

1992年商检下关甲级沱茶

洱茶市场，以沱茶与七子饼茶为主流，但在比例上仍以饼茶较高。在此，本书先撇开个人品饮好恶，单纯以沱茶之客观因素来探讨在市场上的优劣形势。

优　点

1．外形精致讨喜。

2．多使用芽毫之细嫩优质茶菁，符合视觉上的要求。

3．规格小（100 克，250 克）、单价较低，利于试饮、馈赠。

4．因茶菁细嫩，相较茶饼，口感较不苦涩，水甜而香，刚入门者较容易接受。

缺　点

1．较砖茶、饼茶占空间，不利收藏。

2．较砖茶、饼茶紧压度高、茶菁细嫩，剥开时茶菁容易碎断。

3．相较饼茶，泡水较短。

4．多数均无内飞，除了辨识年份与厂方较困难，且容易被更换外包装外，遭不肖茶商做手脚（高湿高温或药物等）的几率也大增。

5．单位重量小、年份不易辨识，相对市场流通与收藏量较低，以致近年增值空间不如饼茶，茶商与收藏家较有疑虑。

10

普洱茶存储与陈化

缘起—储存环境与茶品—经验整理—结语

经典普洱

普洱茶存储与陈化

20 世纪 40 年代，普洱茶开始进入中国台湾，多数台湾地区普洱茶爱好者所习惯的香气口感，都属于香港茶仓系统，1999 年开始因为市场大量需求，1996 年以后才开始的广东仓（深圳、肇庆）茶品在未完全退仓的条件下，加上菌种差异、土腥味重的茶品也经由香港大量倾销到台湾地区，2002 年以后也销往大陆各地，导致许多茶商、茶友对入仓茶的感受很差。虽然台湾茶商与收藏家已有三四十年以上的经营或储存经验，但也都以收藏香港仓茶品为主，储存新制茶品的量非常地少。而这些收藏新茶品也一直未有相当的数量能在坊间贩卖，更不具市场代表性，并且未将仓储环境与陈化做一系统性的整理，不似香港茶仓能将此经验传承下来。笔者从 1986 年正式进入普洱茶领域至 2010 年已 24 年。1988—1999 年，台湾地区储存的茶品量少，且为时尚短亦不足道。2000 年以后，茶品陈化周期尚未完整，在此，仅将个人经验纪录下来，盼能达抛砖引玉之效。

其他茶类，以尝鲜为主，由制造者决定质量，而普洱茶的质量，仓储具关键性。笔者二十几年来自己收藏普洱茶的观察所得，认为储存环境足以完全改变茶品。但因环境与个人喜好，自己的经验不见得适用于其他人或其他环境、茶品，且相同唛号的茶品也不尽是相同拼配手法。另，笔者收藏观察之数量较少，不能与香港或广东大规模茶仓相较，所以笔者所观察陈述的状况并非绝对性，仅供一般消费者与收藏家储存时参考。

缘　起

笔者接触普洱茶的经历相当戏剧化。1983 年首次品尝到普洱熟茶，但当时台湾茶品还是个人首选，所以并不在意。在 1986 年时还是大学生，因为同学组成一学校茶艺社团，笔者虽非茶艺社成员，但同学知道笔者早在 1973 年即接触台湾茶艺，且十分信赖笔者的品茶与辨识能力，因而时常与笔者共同品茶研究。一日，同学希望笔者走一趟戏院前某一茶叶小贩，其特殊在于门面前大剌剌写着“农药与化学肥料对肝脏肾脏的……”，而他的茶“保证……检附XX医学院检验报告”，用词耸动。同学十分怀疑，所以希望笔者去验证老板所言真假。与茶贩老板深谈过后，虽然当时并非完全认同多数论点，但笔者已经亲身体验“中茶牌”、早期7562、早期7581等茶的魅力，至此笔者就开始进入广博且深远、令人无法自拔的普洱茶世界。

储存环境与茶品

需要特别说明的是，以下资料，1988年以前的茶品并非笔者个人收藏，而是友人的收藏茶品与经验。

1973—1975年中茶简体字

购买时间：1978年10月

保存状态：原纸筒装

生产厂方：下关茶厂

茶菁拼配：晒青生茶。不分面里3—6级茶菁，疑似保山临沧与西双版纳茶菁混拼。

储存环境：温度25℃—28℃，相对湿度70%—75%，空调室。

陈化程度：

1984年条索稍浮，面微亮，汤黄红，微青香带蜜，叶底黄绿，汤薄性烈，苦涩。

1992年条索浮，面微亮，汤红黄，青香带蜜，叶底红黄，汤微润性烈，苦涩。

2000年条索浮，面油亮，汤亮红，青香带蜜，叶底红，汤润性烈，甘苦涩。

2003年条索明，面油亮，汤赭红，花香蜜味，叶底红，汤润性烈，甘苦涩甜。

上为中茶简体字　下为平底模七子铁饼

1983—1985年甲级沱茶

购买时间：约1985年

保存状态：1984—1998年纸箱封装，1999年起开纸箱存放。

生产厂方：勐海茶厂

茶菁拼配：西双版纳茶区晒青生茶。1—2级茶菁。

储存环境：（1）1984—1998年未明确纪录；（2）1999年起平均温度25.2℃，相对湿度72%。

陈化程度：

1999年条索明，面油亮，汤亮红，青味微花香，叶底红，汤润质强，微苦涩。

2003年沱身松，面油亮，汤赭红，青味花蜜香，叶底红，汤柔质强，甘甜微涩。

1986年7542

购买时间：1988年2月

保存状态：原竹篾装

生产厂方：勐海茶厂

茶菁拼配：西双版纳茶区晒青生茶。面茶3—4级，里茶5—6级茶菁。

储存环境：平均温度 25.2℃，相对湿度 72%，通风。

陈化程度：

1988 年条索不明，面不亮，汤绿黄，草味，叶底绿黄，汤薄质硬，苦涩能化。

1990 年条索不明，面微亮，汤黄绿，青草香，叶底黄绿，汤薄质硬，略苦涩。

1993 年条索渐明，面微亮，汤黄红，青草香，叶底黄绿，汤薄质顺，略苦涩。

1997 年条索渐明，面油亮，汤红黄，青草蜜香，叶底黄红，汤润质顺，甘涩。

2003 年饼身松条索明，面油亮，汤赭红，红茶蜜香，叶底红，汤柔质顺，甘甜。

1986—1987 年中茶繁体字

购买时间：1986—1989 年

保存状态：原纸筒装

生产厂方：下关茶厂

茶菁拼配：晒青生茶。面茶 3—4 级，里茶 5—8 级茶菁，疑似保山、临沧、勐海茶区茶菁混拼。

储存环境：平均温度 25.2℃，相对湿度 72%，通风。

陈化程度：

1988 年条索不明，面不亮，汤绿黄，青草味，叶底绿黄，汤水性烈，苦涩难化。

1986年中茶繁体字

1990年条索不明，面微亮，汤黄绿，青草香，叶底绿黄，汤水性烈，苦涩难化。

1994年条索稍浮，面微亮，汤黄红，青草香，叶底黄绿，汤薄性烈，苦涩稍化。

1998年条索稍浮，面微亮，汤红黄，青香带蜜，叶底黄红，汤薄性烈，甘苦涩。

2003年条索稍浮，面油亮，汤亮红，青味花蜜，叶底红黄，汤润质重，甘苦涩。

1990年8582（纸筒）

购买时间：1991年2月

保存状态：原纸筒装

生产厂方：勐海茶厂

茶菁拼配：西双版纳茶区晒青生茶。面茶3—6级，里茶5—8级茶菁。

储存环境：平均温度25.2℃，相对湿度72%，通风。

陈化程度：

1991年条索不明，面不亮，汤绿黄，草味，叶底绿黄，汤水质薄，略苦涩。

1994年条索渐明，面微亮，汤黄红，草香，叶底绿黄，汤水质薄，略苦涩。

1997年条索渐明，面微亮，汤红黄，草香微蜜，叶底黄绿，汤薄质顺，涩甜。

2000年条索分明，面油亮，汤亮红，青草微蜜，叶底黄红，汤薄质顺，涩甜。

2003年条索分明，面油亮，汤亮红，青香微蜜，叶底红黄，汤润质顺，微甘涩。

1988—1990年7542

购买时间：1991年2月

保存状态：原竹箧装

生产厂方：勐海茶厂

茶菁拼配：晒青烘干生茶。面茶3—4级，里茶5—6级，副料约5%，西双版纳茶区。

储存环境：平均温度 25.2℃，相对湿度 72%，通风。

陈化程度：

1991 年条索不明，面微亮，汤绿黄，青草味，叶底绿黄，汤薄，苦涩难化。

1993 年条索不明，面微亮，汤黄绿，青草香，叶底黄绿，汤薄质硬，苦涩稍化。

1997 年条索渐明，面微亮，汤黄红，青草香，叶底黄绿，汤薄质顺，略苦涩。

2000 年条索渐明，面油亮，汤红黄，青草微蜜，叶底黄红，汤润质顺，微甘涩。

2003 年条索分明，面油亮，汤亮红，青草微蜜，叶底红黄，汤柔质顺，微甘涩。

1992 年小方砖

购买时间：1994 年 8 月

保存状态：原纸盒装

生产厂方：勐海茶厂

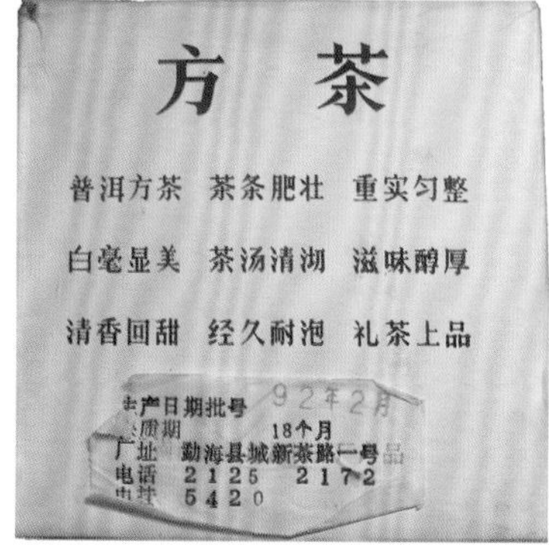

1992年 小方砖

茶菁拼配：晒青生茶。1—2级茶菁，西双版纳茶区群体原始品种茶菁。

储存环境：平均温度25.2℃，相对湿度72%，通风。

陈化程度：

1994年条索不明，面不亮，汤绿黄，青味，叶底绿黄，汤薄性烈，苦涩难化。

1999年条索稍浮，面微亮，汤黄红，青香，叶底绿黄，汤薄性烈，苦涩稍化。

2003年条索稍浮，面油亮，汤亮红，青香花蜜，叶底红黄，汤润质重，甘涩甜。

1997年古树荒地茶

购买时间：1998年3—12月

保存状态：原纸筒装

生产厂方：中国土产畜产进出口公司云南省分公司订制，厂方不明

茶菁拼配：晒青生茶。手采一心一叶，新班章茶区约百年古树荒地茶（大小树混采）。

储存环境：平均温度25.2℃，相对湿度72%，通风。

陈化程度：

1998年条索清晰，面无亮，汤绿黄，青草味，叶底绿，汤薄质重，苦涩难化。

2000年条索清晰，面稍亮，汤黄绿，青草香，叶底绿黄，汤薄质重，苦涩难化。

古树荒地茶

2003年条索分明，面微亮，汤黄红，青草香，叶底黄绿，汤润质重，苦涩稍化。

1998年特殊订制茶

购买时间：1999年11月

保存状态：原竹箧筒装、纸箱原件

生产厂方：勐海茶厂

茶菁拼配：特殊茶种，晒青生茶。面茶1—4级，里茶5—6级茶菁，5%副料。

储存环境：1999—2001年平均温度26.4℃，相对湿度74%，通风。2001—2003年平均温度25.2℃，相对湿度72%，通风。

陈化程度：

1999年条索清晰，面无亮，汤绿黄，青草味，叶底绿，汤薄质烈，苦涩转甘甜。

2001年条索清晰，面无亮，汤黄绿，青草香，叶底绿黄，汤薄质烈，苦涩转甘甜。

2003年条索清晰，面微亮，汤黄红，青草香，叶底黄绿，汤薄质烈，苦涩转甘甜。

1988年7663销法100克普洱沱茶

购买时间：1989年10月

保存状态：原包装纸、纸盒装

生产厂方：下关茶厂

茶菁拼配：重发酵熟茶。盖茶3—4级，里茶5—6级茶菁，副料约5%。

储存环境：平均温度25.2℃，相对湿度75%，通风。

陈化程度：

1989年条索不明，面无亮，汤黑，龙眼味，叶底红褐，汤薄质淡，略甘苦。

1993年条索不明，面无亮，汤黑，龙眼味，叶底红褐，汤薄质淡，略甘苦。

1998年条索不明，面无亮，汤黑，龙眼陈味，叶底红褐，汤薄质淡，略甘苦。

2003年条索稍浮，面无亮，汤红黑，龙眼干味，叶底红褐，汤薄质淡，甘甜。

THÉ
Tuocha
云南沱茶
YUNNAN
中国土产畜产进出口公司云南省茶叶分公司
CHINA NATIONAL NATIVE PRODUCE & ANIMAL BY-PRODUCTS
IMPORT & EXPORT CORPORATION
YUNNAN TEA BRANCH

销法100克普洱沱茶

1988 年 8592

购买时间：1990 年 8 月

保存状态：原竹箧装

生产厂方：勐海茶厂

茶菁拼配：面中重度发酵熟茶。茶 3—4 级，里茶 5—8 级茶菁。

储存环境：平均温度 25.2℃，相对湿度 72%，通风。

陈化程度：

1990 年条索清晰，面无亮，汤红黑，龙眼味，叶底红褐，汤薄质淡，略甘苦。

1993 年条索清晰，面无亮，汤红黑，龙眼味，叶底红褐，汤薄质淡，略甘苦。

1998 年条索清晰，面无亮，汤红黑，龙眼陈味，叶底红褐，汤薄质淡，略甘苦。

2003 年条索稍浮，面无亮，汤红黑，龙眼干味，叶底红褐，汤薄质淡，甘甜。

紫天老饼

1992年普洱甲级熟沱茶

购买时间：1993年10月

保存状态：无外包纸、纸箱装

生产厂方：勐海茶厂

茶菁拼配：重发酵熟茶。面茶3—4级，里茶5—6级茶菁，副料约5%。

储存环境：平均温度25.2℃，相对湿度75%，通风。

陈化程度：

1993年条索稍明，面无亮，汤黑，龙眼味，叶底红褐，汤薄质淡，甘甜略苦。

1996年条索稍明，面无亮，汤黑，龙眼味，叶底红褐，汤薄质淡，甘甜略苦。

2000年条索稍明，面无亮，汤红黑，龙眼陈味，叶底红褐，汤润质淡，甘甜。

2003年沱身松，面无亮，汤红黑，龙眼陈味，叶底红褐，汤润质淡，甘甜。

经验整理

笔者收藏普洱茶，喜好以不同角度实验探讨，而在保存方面会以不同环境来加以测试。十多年来实验多种方式，包括纸箱、陶瓮、高低温、湿度变化、通不通风等等。本书则针对笔者与友人收藏品中，较具代表性茶品与延续性的储存方式加以整理介绍。除上述，下文则加入其他收藏环境做一整理与比较。

无特殊控制环境之存放

笔者储存普洱茶的经验累积发现，普洱茶生茶类存放条件并不严苛，引用一位网友的形容“只要人能够长时间生活的地方，就适合普洱茶存放”。一般而言，决定普洱茶陈化状况的主要有四个要件：温度、湿度、通风、无杂味；而次要条件为重压与翻仓。笔者所存放普洱茶的环境，温度20℃—30℃之间、相对湿度65%—75%、通风无杂味，但因数量少所以没有重压与翻仓的问题，而其产生的陈化做以下之整理：

（一）勐海茶厂 7542、7532、8582 生饼系列

此系列茶品均使用西双版纳之茶菁，前 3 年几乎不会有任何变化，因为制作时的水气还残留在饼内，有时烟熏味也很重，至第 3 年开始，这两者都散去后，茶品的青味与烟熏味就会降低，第 4 年茶面就会稍微转亮，香气稍提升、口感变化不大。到第 6—8 年，茶菁条索渐明，饼身稍松开，香气由鼻咽之间转下为咽喉之间，口感仍带青味，汤质转润。第 10—12 年，条索明亮，喉底陈韵变长，咽喉之间出现凉气感，青味渐消失、出现陈味，有微微花香或蜜香。第 13—15 年，茶面油亮、条索分明，饼身松开，纸张有些出现点状渗油，有类似一般烘焙老茶的香气，有杯底香。已经 20 年的 7532 则出现类似红茶香（全发酵），韵长茶气足，咽喉之间的凉气感更深而明显；汤色亮透如琥珀、似黏稠状，口感极佳。

7542

7532

8582

（二）勐海茶厂小方砖、甲级沱茶

此系列茶品亦使用西双版纳茶菁，以嫩芽为主，较饼茶紧压，有时为增加口感会使用或拼配特殊茶种，此类茶品烟熏味较少或较淡。从第4—6年开始，茶品的青味稍微降低，茶面稍微转亮，香气稍提升，口感稍润。到第8—10年茶菁条索渐明，茶品稍松，清香度持平，口感稍转甜但仍带青味。第12—14年，沱茶条索明亮，喉底有些陈韵，青味仍明显，有微微花香。第16—18年，沱茶面油亮，条索分明，沱身已松开，汤赭红，口感仍有青味而带花蜜香，汤柔甘甜微涩，咽喉出现较不明显的凉气感。

（三）下关茶厂中茶简体字、中茶繁体字8653

此类茶品通常使用下关茶区（保山、临沧及思茅地区）茶菁，然中茶简体字不管从历史渊源上或实质香气口感上，都很有可能混拼西双版纳茶菁。下关茶厂的七子饼茶压制较勐海茶厂紧压，茶菁使用级数亦较青壮叶；所以一般而言，同样是饼茶，在相同的环境下，下关茶厂的饼茶陈化速度较慢，但相对地会有特殊风味，微微花蜜香即其主要特色，它种茶品无可取代。下关茶厂茶品少有烟熏味，但因此因素，口感较苦而青涩，香气较沉。从第4—6年开始，青味稍降，茶面稍微转亮，香气些许提升，口感微润，但苦涩仍难化。到第8—10年，茶菁条索渐明，茶面微亮，清香度持平，口感苦涩稍化，稍有甜味，青味犹存。第12—14年，条索稍浮，喉底有些陈韵，青味仍明显，有微微花蜜香。第16—18年，茶面油亮，条索更明，饼身稍有松开，汤色亮红，口感仍有青味而花蜜香更明显，汤柔甘甜仍微苦涩。第25—28年，条索分明，茶面油亮，汤色琥珀，口感有明显花香蜜味，汤润质重，苦而回甘，

中茶简体字

涩能转甜，因陈化速度较慢，此时咽喉间才出现凉气感。喜欢茶性强、茶质重的茶友，此时期为最佳选择。

（四）普洱熟茶类

从 1973 年起，昆明茶厂开始量产以人工快速熟化的现代普洱茶，也就是坊间所俗称的普洱熟茶，近几十年市场主流都以熟茶为主。笔者从接触普洱茶开始，前十几年也都习惯喝香港茶仓所存放的熟茶，自己收藏的种类中，以 8592 熟饼及 7663 熟沱为主。从收藏的经验来看，熟茶已经以人工快速熟化，除非再次以高温高湿处理，否则 8—10 年内几乎不会有任何变化，只有新味稍减，口感变化不大。在正常环境存放下，不会有特殊味道，坊间熟茶有樟香或参香出现者都是人工仓储特色。

20世纪六七十年代砖

（五）栽培型古树茶

笔者将近百年来云南茶业的历史文化背景研究后，往返云南茶区多次，了解当地茶园管理、茶树龄等相关信息，并观察所有印级茶与号字级茶品的叶底，发觉那些老茶所使用的茶菁并非完全是纯料古树茶，因为在古树茶林中总会混杂不少荒地小树，所以茶性会较纯古树强烈。

近代使用栽培型古树茶菁压制紧压茶，出现于 1996—1999 年，有数种茶饼与茶砖。但因为这些茶品使用的茶菁与制作工序差异甚大，目前为止还很难整理出完整而明确的陈化转变记录，只能大致说明栽培型古树茶在第 5—6 年的时候就会出现第一次完全褪变，比茶园茶稍快 1—2 年；据个人推测，时间越长，古树，与

2010年 栽培型古树生茶（鑫昀晟）

台地茶的差距越大。但其特色在于喉韵展现深沉与宽广，而香气很快已隐藏于咽喉，明显于吞咽呼吸之间。往后此类茶品肯定能呈现出另类风格，但因其陈化速度太快，储存环境与香气、口感，还有待持续观察与记录。

特殊环境之存放

（一）瓮

相同的茶品，单饼放置、原竹箢筒身、封存纸箱与存放于瓮中会有明显差异。而目前收藏家多数都认同少量、长期储存的状况，紫砂瓮储存是不错的选择。

紫砂瓮有下列特点：

1．透气性佳；

2．氧化不至于太快，且能保香气；

3．可调节温湿度；

4．能隔绝灰尘与昆虫动物等。

紫砂瓮使用前必先以清水清洗后，在多次浸泡茶叶、枝梗末等以消除土腥味、火气、杂味等，并待充分干燥一星期以上才能将茶品置放于内。而一年内新茶因水分尚未散尽，亦不适合储存于相对封闭的紫砂瓮。生熟茶也不能同时置放于内，以避免互相干扰。

然，凡事有一利即有一弊，因紫砂瓮密闭性较佳所以能保存香气，口感也较为浓郁，但陈化速度相对较慢，且占空间。同时建议消费者置放紫砂瓮处，瓮底要离开地面至少 10 公分以上，否则容易将水汽渗入瓮中，影响茶质。

各式茶仓

青瓷茶仓（林文雄作品）

（二）高温高湿

所谓高温高湿，意指茶品长时间存放于温度 30℃以上、相对湿度 85% 以上，甚至高达 100% 的不通风环境。普洱生茶在此环境白霜生长快速、由外而内，时间过久会导致茶品快速熟化，香气下降，口感迅速软化转甜，完全丧失普洱茶应有的茶质茶性。汤色黑红不清亮，若过度熟化则叶底出现黑硬现象，口感虽甜却无质感。熟茶类如果经过高温高湿，在短时间内很容易产生坊间所谓的熟茶樟香；如果再经过适当往返的出入仓，茶菁出现木质化现象，就会有所谓的参香出现。

（三）高温低湿

所谓高温低湿，意指茶品长时间存放于 30℃以上、相对湿度却在 65% 以下的环境。如果新生普洱茶品储存在此环境过久，茶品易产生入口不快之酸化现象，如果加上不通风则酸化现象更明显。此类高温低湿的通风环境，一般茶商用来快速退仓，能让仓味与白霜迅速消失。但如果经验不足，虽仓味消失，然白霜犹存且出现茶菁黑而不亮的现象，口感犹如熟茶一般。

（四）低温高湿

所谓低温高湿，意指茶品长时间存放于 26℃以下、相对湿度却在 85% 以上，甚至达到 100% 的不通风环境。

（五）低温低湿

所谓低温低湿，意指茶品长时间存放于温度 26℃以下、相对湿度 80% 以下，但不通风的环境。目前许多茶仓所使用的方法，虽然耗费时间较长，但较能保持茶性，稍控制得当，不容易产生熟化或劣变现象。此类茶仓的白霜是藉由茶品本身的湿气所产生，内外较均匀密布，对于往后茶品的陈化有正面帮助。与高温高湿的茶仓类似，熟茶类如果经过高温高湿，在短时间内很容易产生坊间所谓的熟茶樟香；如果再经过适当往返的出入仓，茶菁出现木质化现象，就会有所谓的参香出现，只是整个过程较长，熟茶茶性也较能保持完整。虽如此，笔者仍由衷建议消费者，普洱茶品仍应以正常储存环境为佳，以避免对茶品卫生产生不必要的顾虑。

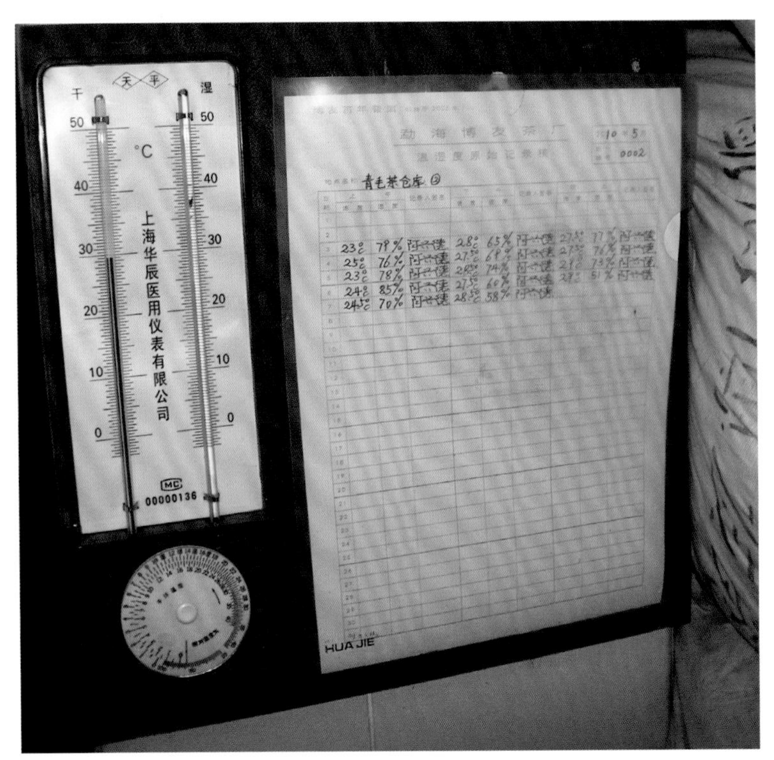

博友茶厂——温度与湿度控制

（六）通风

由上述几个特殊条件环境中，可以了解除了温湿度以外，通风与否对茶品的影响相当大。如果茶品本身干燥度不足，例如新制茶或刚出仓的茶品，再加上通风性差，将导致茶品从内部产生霉菌，先不论所产生的菌类是否为益菌，很明确地已经产生另一种截然不同的储存环境。以这个入仓的观点来看，通风度也是影响入仓茶品的一个关键因素。

（七）压力

笔者在开始储存大量茶品时，发现另一个现象。当储存量大到需要以整只纸箱叠放，在翻仓时将最底下茶品取出置于通风处后发现，可能因为压力的关系，茶品呈现香气内聚而茶面较快速出现点状出油的情形。这一现象还需进一步观察且量化整理后才能证实，笔者推测，温湿度、通风度的交叉影响，对茶品的陈化应该也具有相当的影响力。

结 语

左右普洱茶品陈化的关键因素，从茶种、产区、制法工序、包装，到储存环境与年份，每一个因子都可完全改变茶质与茶性，任何人究其一生也都无法参透其奥秘，所以，笔者常说：“没有人能真正了解普洱茶，在普洱茶面前，茶人永远如小孩般幼稚。”

在笔者浸淫普洱茶世界二十多年期间，不断收集资料、研究实验与探访请教，有许多时候总以为自己已经了解普洱茶了，在同侪眼里也被尊称为茶博士每每在得意之时，又会发现自己错得离谱，对于错误信息的传达，总觉对不起茶友。多次的矛盾挫折后，才了解自己所收集品尝的茶品种类、数量，相对于整个普洱茶界，真是凤毛麟角。今天，将所知不断地整理出来，但是否明日又会发觉，自己又错得离谱呢？笔者也实在没有把握，只是期冀这些数据能有助于所有普洱茶爱好者的储存观念，并找到自己喜好的方向！

格朗河——黑龙潭的寨子

镇沅千家寨野
世界茶王
第三
学术

入仓茶的辨识

入仓的定义—未入仓的定义—辨识方法—
斗茶—个人观点—结语

入仓茶的辨识

从2000年开始的台湾普洱茶市场风潮，笔者立即觉察到普洱信息随着网络扩展与传递之快速，关于年份与仓储状态都将有被探讨的空间，而不再是神秘未知。再者，以普洱老茶快速被中国大陆与国外市场消化，老茶将迅速消失于市场；加上对食品卫生的要求，可预见在未来普洱茶市场，消费者对于年份与仓储状态的辨识将会有高度求知欲。本书将针对“饼茶”入仓与否的辨识方式作一简略说明。

入仓的定义

将茶品储存于某一仓储环境，而企图以人工方式改变自然环境，例如增湿、增温、不通风等等，以利茶品快速陈化，茶品呈现黯淡无光、有白霜、汤色快速转红、饼缘脱落等，此即“入仓茶”。

1997年茶品香港仓储

未入仓的定义

储存于一般人可以长期居住之环境，没有经过人工方式控制环境，随着四季温湿度转变陈化，茶品呈现干净、油亮、汤色透彻等，则属于“未入仓茶”。

马来西亚仓储黄印及印级茶在台湾之存放状况之一

群体种紫芽——2003 年云梅春茶（2007 年拍摄）

辨识方法

筒 身

2003 年以前在中国台湾，未入仓茶品因储存环境都较为单纯而量少，筒身较少碰撞，且较为干净、无水渍，云南七子饼固定筒身之铁丝也不容易锈蚀。反之，入仓茶筒身则较无法保持完整洁净。从 2004 年中国大陆市场兴起，各式仓储与储存环境多样化，在中国南方地区就算没有刻意入湿仓，也因为天候潮湿而容易导致茶品严重受潮，在外观辨识上较不易。

1997 年茶品香港仓储

未入仓老茶的筒身

外包纸

外包纸张如果有水渍，通常已经进过仓，尤其第一饼与最后一饼最容易发现水渍，但也可能厂家包装时竹壳未干造成，二者并不难分辨。而未进仓茶品在一定年份以上（最快四年，依茶质、环境而定）会出现油渍，且茶质越佳者越明显；但有时储存环境温度过高，也会快速出现油渍。

年份与纸张完整性无关，保存良好的老茶纸张可能完整没有受损；反而入仓茶，在短时间内因潮湿与茶虫因素而破损。蠹虫（银鱼）无论在任何环境都可能存在，

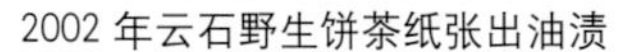
2002 年云石野生饼茶纸张出油渍

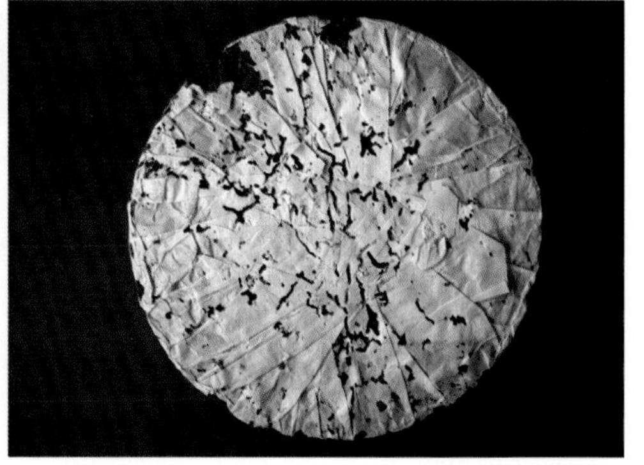
在存放过程中被蠹虫（银鱼）啃噬过的痕迹

所以纸张容易被蠹虫咬食，无法因此推测储存环境。

饼　身

在一定年份、大约七年以上相同茶品比较如下：

入仓茶的饼身边缘因湿气而较松散，但也因为湿气与压力，越往中心点会越硬。而没有入仓的茶，通常因为储存量少，所以整筒重叠重压的机会相对少，加上正常发酵与氧化，导致茶饼呈现均匀松散的样貌。

1997 年老树圆茶（2007 年拍摄）

茶菁色泽

以生茶饼来说，四年以上没有入仓茶菁的色泽油亮光洁，饼身内外颜色相同或是差异不大。入仓茶菁颜色灰白、灰黑，或是偏红（入仓重），且通常内外颜色不一、色差大。若茶菁黑而不油亮、色灰黑，通常为高温退仓方式造成。但有些茶商会喷茶油，如此会出现茶饼内外色差大的情形。

熟茶品的辨识，未入仓的好熟茶品呈红棕色而有轻微亮度；若偏深黑、青黑色，

1990 年末广东肇庆仓储之大益茶品与 2010 年未入仓绿大树

1980 年末剥散存放的未入仓熟沱茶

则属于渥堆不当造成，茶质会受影响。入仓茶品通常略带白霜，或是红黑色而无光泽。

茶菁味道

以生茶品来辨识，未入仓茶的茶品有如冻顶乌龙或铁观音老茶香气，淡淡的陈香，微酸带蜜味。入仓茶，有所谓的仓味；广东茶仓较闷，香港老茶仓通常陈味浓，味道有明显差异；稍有年份之香港仓茶饼会有所谓樟香，或是蔘樟香。入仓茶品仓未退完仓前，常能从外包纸就能嗅到仓味。

判断熟茶品，轻度入仓之轻发酵芽叶熟散茶特有香气，有如干荷叶香，如白针金莲。轻发酵之熟老叶，有年份之未入仓茶，或是轻度入仓茶品，有红枣香与熟枣香之分，如 7581、枣香砖。入湿仓较重之青壮叶熟茶，或轻度湿仓之老熟茶，二者香气差异大，主要来源为茶叶木质化香气，如 8592、7562。

汤　色

未入仓生茶，汤色从金黄、黄红、浅琥珀色、透亮琥珀红……依年份与制程、品种不同而有所变化；共同特色与关键在于汤色清亮，且泛油光。入仓茶汤色较暗而深、不清亮，除非仓度非常轻、老茶或退仓多年的茶品，才有可能清亮而油光。从另一角度来说，汤色琥珀、清亮、油光，也是优质茶的特征。

新熟茶，入仓茶较未入仓茶汤色深而不清亮；老茶，若退仓完整，二者汤色差异不大，但还是未入仓茶较为清亮。

口　感

未入仓生茶，“果酸”是稍有年份茶品的主要特色，口感清爽不腻、回甘强，茶韵足，杯底留香。四五十年的印级茶，如果没有入仓，以重手浸泡仍微带苦涩味。同期入仓茶则汤滑水甜，口感饱满；适度入仓，时常会有超越未入仓茶的表现。但最大缺点就是，不管怎么退仓，永远都有仓味。

未入仓熟茶，则虽口感清爽，茶韵足，但水薄而质轻，泡水短。轻度入仓熟茶，汤滑水甜，香气足，口感佳，多方面表现都略胜未入仓熟茶一筹。在熟茶方面，个人较偏爱轻度入仓。

1998 年华联青砖（2006 年拍摄）

1997 年老树圆茶（2007 年拍摄）

斗 茶

“斗茶”，在民间流传已久，确切年代笔者尚无考证，在此仅将此法用于检测两种茶品优劣与仓味。两种茶在相同客观条件下，使用相同茶具、相同的冲泡水、相同置茶量、相同水温、相同冲泡时间、相同泡数、相同杯子等等，两种茶交替喝，如果其中一泡茶的滋味出现大变化，比如滋味变淡、出现杂味、苦涩味增加等等，则此泡茶质相较劣于另一泡茶品。

斗茶的情形下会将较劣质的茶品缺点表现出来，而当明显入仓茶碰到未入仓茶时，“仓味”会成为缺点，如同杂味般被凸显出来。然明显入仓茶（较闷的茶）单独喝的时候，不会有此感觉，主要是因为茶内的浸出物质中许多活性物质会成

不同年份之粗老黄片

试茶

为对比物质。入仓茶，在增湿、增温、不通风的环境下，基本上与熟茶洒水渥堆过程有些类似。若将入仓茶或熟茶以 120℃以上的高温烘焙，所排出的味道，二者十分相近。

通常鉴定有无入仓，笔者以新制古树茶为对照组。为何使用新制古树茶？如前文所提，“斗茶”是以茶品互相比较，如果对照组不够干净、浸出物含量不高，也就是茶质不好或仓储状态不够明确，将无法明确凸显对方的缺点。茶园茶（台地茶）茶质如果不够好，以内涵物质不及对方时，在口感上可能会略逊一筹；此时，对照组茶质输了，如果出现杂味，将无法确认是仓储的杂味，还是茶质的杂味？

使用古树茶鉴定茶质与仓储状态的主要因素，可能再几年后容易被推翻。1956—1996 年之间（古董茶品之后）的茶品，坊间量产茶品少有纯野生茶。直至 1996 年，尤其 1999 年以后的茶品，出现大量古树入仓茶；如果仓度轻、茶质好，以新制古树茶做对照组，如果茶质不够厚重，可能无法将入仓茶的杂味比较出来。

个人观点

笔者个人看待“熟茶”与“入仓”的关系，以比较简单言词陈述：在卫生健康的前提下，储存熟茶环境，适度提高温湿度更能展现其特殊香气与滑柔口感之特色。

香港老茶仓拥有特殊陈茶香，直接渗入茶品内，此即香港茶仓无可取代之特点。另外，高温、高湿、不通风亦能将茶叶内涵物质更快速转变，甚或木质化，进而产生特有香气。所以，适当入仓不致使茶品碳化、霉变，产生有害人体健康物质，只要消费者能接受的香气口感下，一定范围的湿度与温度所产生的“适度入仓”是熟茶一个好选择，甚至较未入仓熟茶更具特色。

结　语

本书探讨如何辨识入仓茶品，并非表示笔者完全排斥入仓茶。笔者品味普洱茶二十多年来，所品饮茶品，尤其印级古董茶都是入仓茶为主。适度地调控提高温湿度能令茶品快速陈化，提升香气口感。但其风险太高，在卫生安全上也有所顾虑，所以并非一般消费者储存茶品所能做到。撰写本文，除了引导消费者选购好茶品以外，另一目的是因为目前坊间只要标榜“未入仓茶”、“干仓茶”就能抬高售价，因为少见而供不应求，市场价格自然提高数倍。简略提供视觉、嗅觉、味觉来辨识仓储状态，即本书最终诉求！

1999 年简体云（2007 年拍摄）

12 普洱茶冲泡方式与茶具选择

茶具选择—盖杯：试茶与鉴定—紫砂壶：品茗—
紫砂壶的选择与使用

普洱茶冲泡方式与茶具选择

每一个品茗者都有自己的偏好与品鉴方式，很个人的，没有绝对是非对错。也基于此，许多消费者到任一茶行试茶购买时，都会碰到相同问题，那就是茶行老板的冲泡方式与自己不同，导致很难分辨出适合自己的茶品。以下笔者所提供的是自己的试茶与冲泡方式，不是绝对，仅供参考！分作三个单元：(1) 茶具选择；(2) 试茶；(3) 品茗。

茶具选择

盖　杯

温度暴起暴落、保温能力差，却能将茶品中所有的缺点完全表现出来。

普洱茶较不重视鼻间的香气，以盖杯冲泡多是试茶者追求立足点的平等所使

盖碗与杯组

用的共通方式。盖杯在选择上，为能将其特性表现得淋漓尽致，烧制温度越高、胎越薄越适合，且注意杯缘口需外翻较多，或使用时注水不宜过满，以免烫手。

宽口扁腹的壶

紫砂壶

温度相对稳定、保温效果较佳，了解茶与壶，就能凸显茶的优点，掩饰其缺点。

冲泡普洱茶一般而言，壶温不宜过高。在茶壶选择上，宜兴紫砂壶较玻璃或一般陶瓷器制品为佳，而砂质种类各异，只需注意土质不宜太硬、温度过高即可，其余于此先不做讨论。选择紫砂壶基本原则仍然一样，须不漏不塞、通畅顺手，达到“能用、好用、适用”的基本要求。另因冲泡普洱茶不强调持续高温，为达壶内散热快、不增温之要求，壶形以扁腹、宽口、出水顺为主要选择条件。个人或两人品茶时，大小以120cc—150cc较适当。

注水方式

水壶口距离盖杯或紫砂壶口越靠近越佳，最好能在三公分以内，右手执壶冲泡，顺时针注水，由外缘绕至中心点。呼吸舒缓细长，水柱细缓而均匀稳定，水注由高而低。注水在一吸一呼之间。

盖杯：试茶与鉴定

瓷器盖杯温度落差大，能将茶品优缺点表现得淋漓尽致，一次即能将多数内含物质冲泡出，并且由于瓷器密度高，不容易残留杂味，故前后茶品不会互相影响。

评鉴茶具

茶具：瓷白盖杯、瓷白茶杯、玻璃茶海

用水：逆渗透水（变化少、较公平）

置茶量8—10克

炉具：电炉、不锈钢壶具（稳定）

冲泡方式

置茶量：8 克

水温与浸泡时间

醒茶（洗茶）：沸水，3 秒。

第一泡：不加温，约 92℃—95℃，30 秒。

第二泡：不加温，约88℃—90℃，45秒。

第三泡：沸水，30秒。

观察每一泡汤色变化与油亮度、清亮度。叶底为第三泡完成后之标准，观察其叶底颜色、茶菁级数、完整度、展开状态等等。

2010年　莲心叶底

紫砂壶：品茗

对于茶品茶具有一定认知的消费者，个人建议以紫砂壶作为一般品茗时的冲泡茶具，原因为：（1）壶温稳定，温差小；（2）能将茶品缺点隐没而提升品质；（3）兼具养壶之闲情雅致。紫砂壶的选择，个人建议以扁腹宽口（散热快）、泥质佳之标准水平壶为主，易于掌控好上手。个人偏好早期优质清水泥，或早期朱泥标准壶120cc来冲泡。

茶具：120cc—150cc紫砂壶

用水：矿泉水（80—120 ppm、PH7.2—7.3）

炉具：木炭炉、陶壶或铁壶（根据茶品选定）

冲泡方式

置茶量：6—10克（依茶品与需要状况而定）

早期红土

宽口青瓷杯（林文雄作品）

水温与浸泡时间

醒茶（洗茶）：沸水，3 秒。

第一泡：不加温，约 92℃—95℃，20 秒—25 秒。

第二泡：不加温，约 88℃—90℃，20 秒—25 秒。

第三泡：不加温，约 88℃—90℃，30 秒—35 秒。

第四至六泡：沸水， 35 秒—45 秒。

第七至九泡：沸水， 45 秒—60 秒。

茶　杯

普洱茶所使用茶杯较一般绿茶、乌龙茶使用的杯子稍大，笔者建议使用宽口浅杯厚底之瓷器为佳。一为大杯宽口浅杯利于散热，二是瓷杯嘴唇触感较佳，三因宽口浅杯需杯底厚才能稳重而持温。

结　语

品茶，最大的功能除了茶叶本身有益人体之成份外（如多酚类、类黄酮等等），笔者认为“茶”对人类最大的贡献在于文化与精神层面。每个人对茶的感觉与意义不同，喝茶、品茗、茶艺、茶道，可说是四个阶段，而最终简单的目的，就是喝一杯好茶，如何能将一泡茶发挥得淋漓尽致，应该是每一个爱茶人的心愿。在完全相同的客观条件下，茶具、置茶量、时间、温度，甚至于注水、出汤方式都统一，还是冲泡出完全不同的滋味，为何？惟“心”！当有此体会与认知，就有不少人开始追求“茶”的内涵，及其所引申的“文化”“禅”“道”。从单纯为了解渴，到享受茶品本质，进而提升至艺术境界，最后则以精神文化层次的茶道来展现茶品的极致，架构出中国的茶文化哲学。

本书的目的在传递如何品鉴与冲泡出一壶好茶，也就是“品茶”的境地，稍有讲究但不附庸雅俗，只是简单勾勒出品茗文化。冲泡出一壶好茶并不难，只要

2001 年生茶汤色叶底（2007年拍摄）

了解茶品与茶具、掌握水温及时间；直至能充分了解、掌控自己的情绪与心思，就能将自己的意念融入茶汤中。静心、品心，达到天地人合一之修为，才是中国茶文化之精髓。

紫砂壶的选择与使用

当品茶、冲泡达到一定水平之后，会追求以茶具提升口感，甚至藉借茶具对茶品去芜存菁。在许多老茶人心目中，“宜兴紫砂壶”是不二之选。只要理解茶性，懂得泥料、壶形特性，以宜兴紫砂壶冲泡普洱茶，除能提高茶品质感，亦能玩壶雅兴，相得益彰。

蓝印铁饼茶汤与钢盔盖壶

早期赏玩宜兴紫砂壶、懂泥料的茶友，都了解近十几年来紫砂壶泥料掺入不少不适宜的添加品，所以都只愿意收藏早期壶，除了润质感外，也意味着对近年壶品的不信任感。2010 年，央视报导紫砂壶有部分会使用不当原料，事实已经是十几二十年来的问题，并非空穴来风。宜兴紫砂壶的鉴赏无法以简单的篇幅介绍，本文只针对整理紫砂壶方法提出简略说明，若想深入或购买适合壶具，仍需找到可信厂家、壶商购买，而不应只贪便宜，有害人体的茶具并不在少数。

1997 年宜兴一厂正式结束营业，而基本上在烧制工艺与原料上分成几个断代，均有明显特征。以近年来说，1992—1997 年使用泥料与工艺和 1991 年之前有明显差别，而部分 1989—1994 年之间有模糊、灰色地带。

若以冲泡十年以上生茶品，可以选择 20 世纪 80 年代紫砂壶，能适度提高、彰显茶品茶质、口感；若只冲泡五至十年内生茶，可选择 20 世纪 90 年代尤其 1992—1997 年泥质密度较低、砂质比例高的壶品，价格便宜，适合入门与新茶使用。

布满海砂的壶，使用前须先将海砂及壶里的粉尘洗净。

紫砂新壶的整理

第一，先将壶中可能之泥沙，以清水清理干净。

第二，以细布将壶体内外整理干净，若有如水蜡等则另行处理。

第三，比较快速的方式是以一小锅将茶叶（想冲泡哪类茶，就使用哪种茶）与壶（壶与盖须分开放置）同时置于锅中小火炖煮（或焖），将壶中泥味、杂味去除。焖煮时，注意不要大火，可能导致壶在锅中翻滚，导致损坏。炖煮时间约十几分钟，焖的时间可达一天。

第四，先将初步处理过的新壶当茶海（公道杯）使用一两个月，使用过程中

清洗前后的紫砂壶

注意壶盖与把、嘴等细节养护，适当以茶汤淋壶整理保养是可以的。

清洗前后的紫砂壶

第一，每次使用之后，都必须擦拭干净；要注意内墙、盖缘、口缘、把与壶的接口、底座等细节擦拭。

第二，一两个月之后开始当茶壶使用，最好每把壶所冲泡的茶类相同或接近，避免影响汤质。新壶阶段，可在冲泡完之后将叶底保留于壶中，注入热水浸泡，一天后清洗干净晾干。

第三，养壶过程中，壶盖与把是比较难养均匀与整理的部分；若壶盖与壶身出现明显差异，则必须加强处理（比如淋、浸泡茶汤，但最好避免常使用），让整体光泽均匀。

紫砂旧壶的整理

第一，基本处理方式与新壶雷同。如果出现壶身有异物或光泽不均，则必须

2006年有机茶(2006年拍摄)

以长时间炖煮方式去除，个人反对以漂白水处理，除非不得已。

第二，壶内与内墙等若有大量茶垢，建议先以炖煮方式软化，而后再以细软布擦拭干净，最好把壶体旧有痕迹去除，而后再以茶汤、叶底浸泡几星期，待没有杂味后再开始使用。

第三，建议购买旧壶时，能问清楚原主人用于冲泡何种茶品，再决定要不要加以深度处理。

第四，其余养壶方式与新壶相同。

（茶心）跋

一饼普洱茶

拿到非洲去…… 您认为值多少?

拿到美国去…… 您认为值多少?

拿到法国去…… 您认为值多少?

拿到中国港台去…… 您认为值多少?

拿到中国广州去…… 您认为值多少?

不同的文化背景与价值观，对商品会产生不同价格

等而观之

如果人也当作商品

您是否还这么在意，别人对您的肯定?

进一步思考

您是否如此在意，由别人来评论您的人生价值?

人生

是否该用古董商的眼光来看待自己的历练与价值?

还是在我们给自己的肯定?

人，来这一遭

或许，您来得莫名其妙

也或许，您不是心甘情愿

但总是来了

既然来了

高兴，是一天

悲伤，也是一天

五彩缤纷地过，是一生

哀声叹气地过，也是一生

您要选择哪一种生活? ? ?

后 记

2005年以前

在大学教生涯规划课程

都会提到何谓“成功”

一个人的成就

可分为外界肯定与自我肯定

外界肯定，也就是社会成就，包含权势地位与金钱

自我肯定，也就是自信，包含内在涵养、家庭亲情与友情

得到外界肯定，风光的表面下，是否喜悦满足？

缺乏经济与社会地位支撑，众人对你的异样眼光，你是否还是自信光彩？

但，人必须先自我肯定，先有自尊而人后尊之！

另一有关营养学的课程里提及

女生问：怎样才会更漂亮？

数十个女生聚精会神想听我的“秘方”

我告诉她们：自信

因为自信能让人目光炯炯有神、容光焕发

而自信来自许多知识、经验累积

所以

美，来自于自信！

天生我材必有用

每一个人都有我们值得去学习的地方

只要我们谦虚

学习
只是为了懂得生活，不枉来这一遭！

与学生天南地北
从人类自身了解生理解剖与相关病理学
到与大自然共存的智慧
最后
了解自己的能力与兴趣，定出自己的方向
快乐学习，适应社会
成为这门课程的宗旨
学期末
学生屡屡问道：老师，您到底学什么的？
我总是这样回答：学生活，你们也正在学！

每一个人都拥有多重身份
而我
是多了一些，只因为喜欢！
我尽量扮演好每一种身份
在心有余力下，称职地表演！
茶
在我的概念里
永远是人与人之间沟通的桥梁
在经济发展中的品茗文化
终究不能逾越以人为本的信念
是生活中重要的一环，但不是全部！

参考文献

黄健良、耿建兴编著:《当代普洱茶》,(台北)盈记唐人工艺出版社 2004 年版。

何景成 :《下关沱茶复刻版专辑》,惜壶茶社 2004 年版。

黄桂枢:《普洱茶文化大观》,(台北)盈记唐人工艺出版社 2003 年版。

魏谋城主编:《云南省茶叶进出口公司志(1938—1990)》,云南人民出版社 1993 年版。

曾志贤:《方圆之缘:深探紧压茶世界》,(出版社不详)2001 年版。

《云南省下关茶厂志》,云南省下关茶厂志编纂委员会 2000 年版。

苏芳华主编:《2002 中国普洱茶国际学术研讨会论文集》,云南人民出版社 2002 年版。